一拼到底
遇见真实的自己

刘兴隆　康咏铧　唐丰泽　著

中华工商联合出版社

图书在版编目（CIP）数据

一拼到底：遇见真实的自己 / 刘兴隆，康咏铧，唐丰泽著 . 北京：中华工商联合出版社，2024.10.

ISBN 978-7-5158-4128-1

Ⅰ . B848.4-49

中国国家版本馆 CIP 数据核字第 2024LZ9573 号

一拼到底：遇见真实的自己

作　　　者：	刘兴隆　康咏铧　唐丰泽
出 品 人：	刘　刚
图书策划：	北京金清水澈文化传播有限公司
责任编辑：	胡小英
封面设计：	李彦生
责任审读：	付德华
责任印制：	陈德松
出版发行：	中华工商联合出版社有限责任公司
印　　刷：	北京毅峰迅捷印刷有限公司
版　　次：	2025 年 1 月第 1 版
印　　次：	2025 年 1 月第 1 次印刷
开　　本：	710mm×1000mm　1/16
字　　数：	180 千字
印　　张：	13
书　　号：	ISBN 978-7-5158-4128-1
定　　价：	59.00 元

服务热线：010 — 58301130 — 0（前台）
销售热线：010 — 58302977（网店部）
　　　　　010 — 58302166（门店部）
　　　　　010 — 58302837（馆配部、新媒体部）
　　　　　010 — 58302813（团购部）
地址邮编：北京市西城区西环广场 A 座
　　　　　19 — 20 层，100044
http://www.chgslcbs.cn
投稿热线：010 — 58302907（总编室）
投稿邮箱：1621239583@qq.com

工商联版图书
版权所有　侵权必究

凡本社图书出现印装质量问题，请与印务部联系。
联系电话：010 — 58302915

生命的成长，是优于过去的自己

海明威说："优于别人，并不高贵，真正的高贵应该是优于过去的自己。"

成长，是生命唯一的财富，也是一场永不停歇的旅程，它贯穿我们的一生。在这个旅程中，我们通过不断探索、学习、改变，挖掘出自己隐藏的巨大能量，实现自我价值和对社会的贡献。

成长不仅仅是年龄的增长，更是心灵的蜕变。它是对自我的深入剖析和了解，是认识、接纳、发现自己的一个过程。在这个过程中，我们会遇到各种挑战和困惑，但正是这些经历塑造了我们的性格，锤炼了我们的意志，带领我们走进一个充满思考与启示的世界，让我们领悟成长的奥秘，拓展生命的宽度。

泰戈尔说过，只有流过血的手指，才能弹出世间的绝唱。成长并非一帆风顺，容易受到外界环境不利因素的影响，迷失在他人的期待和社会的标准中，从而忽视自己内心的声音，特别是面对困境和逆境时，更容易丢掉自信，失去前行的方向，从而追逐着看似重要实则浪费精力和时间的东西，给我们造成困扰和痛苦。

要抵御外界的干扰，找到正确的奋斗方向，需要我们停下脚步，重新审视自己的内心，通过学习突破认知局限，找到真实的自己，方能让自己在绝境中重生。

本书的目的是帮助读者朋友唤醒内心的觉知，打开成长的大门。通过一个个生动的故事、深刻的观点和实用的方法，你将发生以下改变：

面对外界的诱惑，你不会再执着于华丽的表象，而是善于洞察事物的本质！

面对自己的缺点，你不会再迷茫或是怨天尤人，而是用王者心态从容接纳！

面对更大的世界，你不会再盲信盲从夜郎自大，而是谦逊地去学习和包容！

面对人生的困境，你不会再轻易地妥协和放弃，而是笑迎挫折并勇于破局！

面对未来的变数，你不会再过度地焦虑和恐惧，而是充满信心地迎接挑战！

面对成功和荣耀，你不会再独自享受名利财富，而是豁达分享收获众乐乐！

成长需要勇气和决心。它要求我们敢于面对自己的恐惧和不安，敢于挑战旧有的思维和习惯，果断地与旧我割裂。请相信，你的每一次突破就像蜕变的蝴蝶一样，经过艰辛的磨砺和成长，你将在属于自

生命的成长，是优于过去的自己

己的天际自由地发挥才智。

越是在人生的低谷时期，越是要通过成长强大自己，这样才能不负生命，不负自己，不负时光。正如一句话所说，"既往不恋，未来不迎，当下不杂"。

每个生命的最终归宿是一样的，我们唯一能掌控的是过程，无论未来如何，只要充满信心地应对困难和挑战，以一拼到底的精神书写生命的存在和意义，你才能发现强大而又独特的自己，那才是真实的你！

本书不仅仅是一些理论和观点的集合，更是一个引导我们勇于实践的指南，同时给出了深度思考和行动建议，能帮助我们把所学知识转化为实际行动。

刘兴隆　康咏铧　唐丰泽

 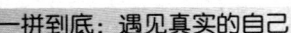

推 荐 语

作为创业女性,《一拼到底》这本书让我受益良多。书中强调要学会独立思考、坚持学习以提升外在认知能力,这样能让我们站在更高的起点看待事物。

我的创业初心是追求更好的自己,活得自信洒脱,发掘自身闪光点。在工作和创业中边学习边思考,掌握做事技巧,这是一个漫长且艰苦的过程,需要非凡毅力,只有咬紧牙关一拼到底才有逆袭翻盘的机会。

——吴妙滢

漳州妙滢咨询有限公司创始人、微赢波后私美第 72 分公司总裁

"一旦选择,坦然接受任何结果",很喜欢书中的这句话,意在告诫我们,选择喜欢的事业需有勇气承担结果,这是成功的关键。我庆幸自己在创业初期认识了《一拼到底》的三位作者,他们的行动力和实干精神打动了我,让我自信地站在人生舞台上,把一拼到底的精神用于工作和事业中。

——汪紫悦

合肥源之慧商贸有限公司创始人、微赢波后私美第 87 分公司总裁

回顾我的创业历程,正如本书中所言"小成功累积大事业"。我的创业过程就是小成功积累起来的,每一次的收获给予我成长并让我不断超越自己。如今事业有起色,有目标有成长,令我倍感自豪。对创业者

来说，追逐成功时要保持正念，经过时间打磨和经验积累后一拼到底，会让你迎来属于自己的人生辉煌！

——邝希嫒

江西英嫒信息服务有限公司创始人、微赢波后私美第 97 分公司总裁

《一拼到底》让我印象深刻的观点是提倡"终身学习"，并将所学知识转化为财富。人生最佳投资是投资自己，投资自己可以避免内耗，让自己拥有坚固盔甲与柔软的内心，可使事业顺遂。

我原是整骨技术老师，后在私美行业创业。当时该行业不成熟，我虽有技术，却需要学习运营管理和市场营销。为此，我借助平台积极报名相关课程，持续投资自己，在信任队友的同时不忘让出"利益"，正如书中所言，真正的成功者都懂得"财散人聚"的道理。

——李洁

徐州圣沃德信息咨询服务有限公司创始人、微赢波后私美第 19 分公司总裁

一口气读完本书，让我感悟颇深。生活中患得患失常使我们半途而废，错过成功。追梦需有破釜沉舟、努力坚持、一拼到底的精神，这才是人生的真正意义。

十多年来，我就像书中写的那样，在追逐梦想中打造强大的心理素质，让自己拥有王者的境界，无惧困境，在逆境中修炼意志力。生命只有一次，只有突破自我极限，用坚定的信念赋予自己力量，方能熬过黑暗迎来高光时刻！

——高欢

徐州蓉苇商贸有限公司创始人、微赢波后私美第 90 分公司总裁

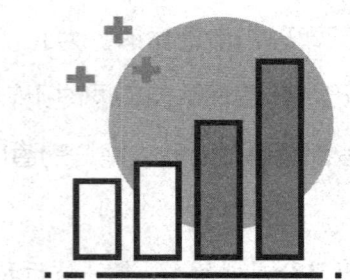

目 录

Chapter 1　内在觉醒：洞察事物的本质

01　自心而变，打开成长的大门 …………………………… 2

02　话为心"貌"，嘴上暴露真君子 ……………………… 10

03　眼见不实，认清生活的真相 …………………………… 16

04　耳听有虚，分辨话中的"动机" ……………………… 24

05　身体语言，善待你的"本相" ………………………… 32

Chapter2　心理素质：拥有王者的境界

01　战胜自己，控制住你的负面情绪 ……………………… 40

02　建立自信，理性分析自己的优势 ……………………… 46

03　慎独精神，在孤独中练就强大心理 …………………… 53

04　面对困境，在绝望中保持清醒 ………………………… 60

05　转移焦点，换一种角度看压力 ………………………… 66

一拼到底：遇见真实的自己

Chapter3　提升认知：拓宽你的知识领域

01　终身学习，点燃生命中的爆发力　·················　76

02　学中生智，知识开拓财富之路　·················　82

03　学以致用，在实践中不断磨砺　·················　90

04　独立思考，提升外在认知能力　·················　95

05　多方交流，见识更大的世界　···················　102

Chapter4　修炼意志力：掌控自己的人生

01　保持自律，在孤独中完成使命　·················　108

02　培养专注力，集中精力做事业　·················　116

03　一旦选择，坦然接受任何结果　·················　123

04　延迟满足，在"苦等"中成长　·················　129

05　制订计划，养成高效做事的习惯　···············　133

Chapter5　明确目标：持之以恒地做好每件事

01　精准定位，方向对了万事皆顺　·················　140

02　由小到大，小成功累积大事业　·················　145

03　调整目标，发现强大的自己　···················　150

04　循序渐进，阶段性目标激发斗志 ···················· 156

05　敢于打破常规，突破自我极限 ······················· 161

Chapter6　成功管理：深谙"财散人聚"的道理

01　合伙创业，有舍才有得 ···································· 166

02　行走职场，把"利益"分享出去 ······················ 171

03　与客户合作，彼此之间的相互成就 ··················· 176

04　对待下属，要了解他们的真实需求 ··················· 183

05　与上司相处，先了解再磨合 ···························· 191

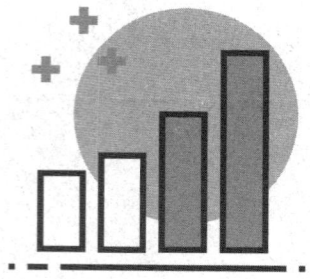

Chapter 1

内在觉醒：洞察事物的本质

01　自心而变，打开成长的大门

世间万物的生长规律，都是先从内向外发生变化，由内在的生长强度决定外部的形象。就好比一棵参天大树，扎根越深，其向上生长的劲头就越猛。

王阳明说过，当心与天地连通，生命即发生质变。每个人的改变都是取决于心境的转变，只有认真审视世间的一切，方能让自己达到"即便身处荒原，也可是心在天堂"的境界。

有个富翁向一位方丈求教，他说，自己富可敌国，但每次给辛苦为他工作的工人发工资时，他的心会疼痛好久，严重时会令他整夜失眠。多年来，他寻遍江湖名医，吃过很多药，非但没好，反而还有加重的迹象。

富翁无奈地说："我并不像外界传言那样是守财奴。因为我也是苦孩子出身，小时候跟着一群和我一样的苦孩子在大街上捡垃圾为生，经常饿肚子。我创业成功后的第一笔捐款就是捐给了收留我们的孤儿院。"

方丈说："你这病好治，但需要决心。"

富翁坚决地回答："只要能治好我这病，我不惜花费一切代价。"

Chapter 1 内在觉醒：洞察事物的本质

方丈告诉他，在附近的一座山上，有一种"天然圣水"，这圣水不但能治好他的病，还有延年益寿的功效。因为"天然圣水"太珍贵，不容易找到，需要发动很多人上山寻找泉眼。

富翁听后，满怀信心地表示："我一定要找到'天然圣水'。"

富翁一心想着寻找"天然圣水"，便高薪诚聘附近的村民上山寻"圣水"，找到后还会重金奖励。

为了方便自己和村民上山，富翁投资修了山路。经过一年多的奔波寻找，大家寻遍大山的每个角落，却依然没有找到"天然圣水"的泉眼。但村民发现了另外的"宝藏"，这座山上居然有珍贵的草药、各种结着香甜果子的树、山谷下还有一大片可以种庄稼的良田，大家感念富翁修山路的"善举"，每年都会把山上成熟的野果和自种的特产送给富翁。

没有找到圣水的富翁找方丈询问究竟。方丈听完他寻觅"天然圣水"的经过后，问他："你的心还痛吗？"

富翁一愣，因为这一年多的时间一直忙着和大家寻找"圣水"，他居然忘记了心是否痛过。

"你给工人发工资时，心疼痛过吗？"方丈又问。

富翁肯定地回答"没有"后又问："我没有喝圣水？心疼痛的病怎么好了？"

方丈说："你自幼失去双亲，求生的欲望让你只关注身体上的成长，心理却被忽视。虽然你现在衣食不愁，但心理状态还停留在幼年

悲伤的阶段，才把金钱看得很重。你和村民一起寻找圣水时，你的心态又回到和小伙伴寻觅食物的共苦时光，在心中你把村民当作幼年的伙伴，你大方地付给村民报酬，让你的心灵在给予的刺激下得到滋养并且成长起来，心疼病就好了。能让心理成长的任何因素，就是最天然的'圣水'。"

这个故事告诉我们，相比于身体的成长，一个人心灵成长更为重要。让身体成长的食物，通过智慧的头脑和双手的劳动能够得到；而心灵吸取的养料，是很难依靠物质或者外力得到解决的。它需要我们经历身体的疾苦、内心的煎熬后主动做出改变。

海明威说："鸡蛋从外部打破是食物，从内部打破是生命，人来自外部力量是压力，内在的迸发是成长。"一个人要想得到全面成长，必须先从内在进行改变。

所以，成长是痛苦的。成长是无人能够替代的，是向内求，向未知的领域探索。探索的过程需要不断地补充新知识，扩大认知领域，但前路未卜，在没有明显利益的驱动下花费时间和精力寻求成长，自己必须拥有坚忍不拔的意志力。

无论是付出脑力劳动还是体力劳动，向未知挺进的过程将充满艰辛，就像我们攀登一座高山，你想站在高处看最美的风景，既要付出体力，还要付出智力和魄力。成长亦如此，你不但要跳出原来的舒适圈，还要改掉多年固有的习惯，这个舍"旧我"的过程同样令人纠结和挣扎，等你最终从"旧我"中突破后，才算是迈出了成长的第一步，这就是成长带来的痛苦。

当一个人经历过抛弃"旧我"的疼痛，才会把一个"新我"还给你，让你与之前的自己判若两人。得到全面成长的你会像浴火重生的凤凰一样拥有强大的力量，开启新征程之旅。

成长虽然痛苦，但对于大部分人来说，成长是唯一能改变人生困境的契机。

在我们的一生中，面临两种成长，即被动成长和主动成长，如图1-1所示。

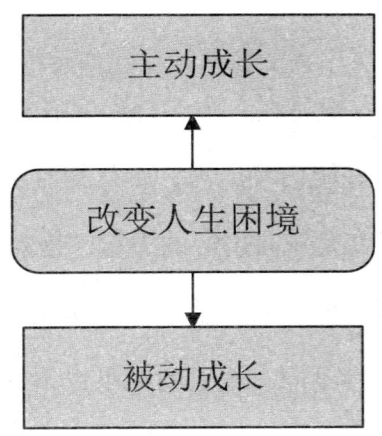

图1-1 改变人生困境的两种成长

被动成长

被动成长始于人的幼年期。这个时候，一个人尚处于婴幼儿时代，还没有接触外部世界，父母是他生命中唯一的光。此时此刻，他的成长完全依赖天性，在父母提供的舒适安全的环境中过着衣来伸手、饭

来张口的日子。

日月运行，四时交替，世间万物更新，这是规律。再舒适的环境，孩子也不能永远待在那里。随着年龄一天天变大，他最明显的成长是在学走路时，由爸爸扶着，妈妈则手里拿着一个玩具，站在孩子前面，鼓励他走过来拿玩具。当他因害怕不敢迈步时，妈妈就会晃晃手里的玩具来"诱惑"他，许诺他只要走过来，玩具就归他所有。

母亲手中孩子喜欢的玩具，是孩子成长的因素。人的这个阶段，需要他人帮助才能进步，所以叫被动成长。

主动成长

所谓主动成长，一般是在一个人心智逐渐成熟的阶段，由于学业、生活、工作中遇到一些阻力和压力，在认知有限的情况下吃尽苦头后的主动求变。这种求变是源自内心的力量，是内心寻求的成长。

主动成长会伴随一个人的一生。在主动成长中，每个人会因为自己对未来所期望的目标不同，成长的结果也不一样。无论是选择被动成长还是主动成长，皆因自己对利益权衡后做出的决定。

英国作家菲·贝利说，心灵是其自身命运的主宰。在寻求主动成长时，心中认定的目标非常关键，决定着一个人奋斗的结果是否善终。相比于被动成长，主动成长尤其重要，关乎一个人一生的幸福！

不管是被动成长，还是主动成长，驱使我们成长的最大动力源自内心的渴求。马斯洛说过，心若改变，你的态度跟着改变；态度改变，

Chapter 1　内在觉醒：洞察事物的本质

你的习惯跟着改变；习惯改变，你的性格跟着改变；性格改变，你的人生跟着改变。当一个人心态转变后，做事情的效果就不一样，最常见的例子是打工和创业的两种状态。

某人打工多年攒了一些积蓄，又有行业经验，于是，他选择创业。虽是做同样的工作，他打工时碰到偶尔周末加班会无比被动，心里仿佛有千军万马在抵抗手上的工作，内心的排斥感让他觉得工作实在是苦和累。一天下来，全身就像散了架一样。如果没有加班费，他内心的排斥感会放大工作的难度，压力也倍增，身心疲惫不堪。

他创业后，别说偶尔周末加班，就是天天加班，他也感觉不到累。即使身体累，也觉得累中有乐。这是因为他内心深处有强大的力量在支撑，让他精力充沛、充满活力。这个时候的他，工作的状态是亢奋的。除非身体真的累到支撑不住，否则会一直干下去。

赫尔曼·黑塞说："若无阻力，则一事无成，你必须是你自己，这样世界就会变成丰饶而美丽。每个人作为躯体只有一个，作为灵魂不止如此。" 主动成长是心灵主动寻求的自我突破，能让一个人发现并激发自我内在的能量小宇宙，认识内在真实的自己，从而实现"从内打破"自己的价值观、人生观、世界观，先在心中颠覆对大千世界人间万象的认识，再身体力行以实际行动去做，实现凤凰涅槃、浴火重生！

一般来说，心灵的成长要经历以下阶段。如图 1-2 所示。

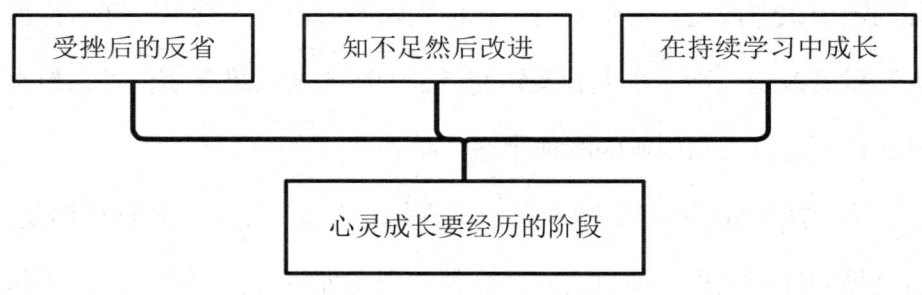

图1-2 心灵成长要经历的阶段

1. 受挫后的反省

我们的一生像起伏不定的曲线。每个人根据自身习惯、悟性、性格等因素的局限和影响，会经历困难、坎坷、逆境等，这个时候是最难熬的，但也是成长的最好时机，只有不断地反思自己失误的原因，检查自己行为中的不足，才能完善自我。

曾子说过，吾日三省吾身。通过定期思考自己的行为、言谈举止，评估自己的表现并寻找改进的空间，有助于个人成长。

2. 知不足然后改进

清晰地认识到自己的缺点和不足后，就要下决心改进。比如，你觉得自己有拖延症，你要想知道自己为什么拖延，就需要从内心深处认识到这种习惯不好，若不加以改正，势必影响到以后的生活，然后列出不改正坏习惯给自己带来的危害，再列出改正坏习惯的具体方法。

3. 在持续学习中成长

古人说："生而知之者，上也；学而知之者，次也；困而学之，又其次也；困而不学，民斯为下矣。"那些天生就懂事理的人，属于几千年才出现的圣人。大部分人的成长必须通过持续的学习。

学海无涯，万事万物都是自己学习的道场，面对自己认知外的领域，我们要放低自己，保持谦卑、好学的心态，持续学习新知识和技能，探索新的兴趣爱好和领域，帮助自己不断拓展视野和能力。除此之外，还要多留心观察身边人的优点和长处，比如，有的人在工作中专注认真、负责担当，有的人勤俭节约、作息自律，等等，他们的这些闪光点都值得我们学习。

02 话为心"貌",嘴上暴露真君子

古语云:"口者,心之门户也;心者,神之主也。"一个人的嘴巴,是内心思想的门户;心灵,则是一个人精神世界的主宰。也就是说,每个人在日常生活中说出的话,代表的是自己的内心世界。而一个人的精神世界是否丰富多彩,则取决于其内心世界的丰盈程度。

宋朝的大文豪苏轼年轻时和好朋友佛印坐禅时,他笑话参禅打坐的佛印在他眼里像一堆牛粪,佛印却说,看他参禅打坐的样子像一尊佛——你心里想什么,嘴上会不由自主地说出来,这才是一个人的真实状态。

生活中常见一些巧言令色之人,他们嘴上说的话再漂亮,一旦目的达不到,就会马上翻脸。这类人总以为别人对他们讲的阿谀奉承的话信以为真。其实,听者只是揣着明白装糊涂而已,因为"花言巧语"是难掩一个人内心的欲望的。正如英格兰的剧作家琼森所说:"语言最能暴露一个人,只要你说话,我就能了解你。"

在与人交往时,要警惕一种很快答应你提的要求的人。他们不是在糊弄你,就是在敷衍你。同时,当他人向你求助时,你要把心思放在是否真的能够帮助对方解决问题上面,自己有几成把握做好这件事,

然后再给出合适的回答。

记者采访一个在海边度假的人，问他如果有 100 万，能否捐给那些需要帮助的人？他想也没想就回答，愿意。又问他，如果他有 1000 万呢？他痛快地说，愿意。接着再问他，如果他有 1 亿呢？他仍然毫不犹豫地回答：全部捐出去，别说 1 亿，如果有 10 亿，也全部捐出去。记者最后又问他，如果他有一辆车，他愿意捐吗？这个人立刻拒绝道：不愿意。

记者不解地问他，捐 10 亿都那么痛快，为什么捐一辆车就不同意呢？

他如实回答："因为我真的有一辆车。"

这就是语言的蒙蔽性，同样是回答捐款事宜，越是不打算捐款或是有能力但不想捐助的时候，表现得都很大方。不管是没钱时故作大方地"答应"，还是有能力时的痛快"拒绝"，他回答的话都是发自内心的"真诚"。前者是心里明白自己说了也做不到，不如过个嘴瘾，所以是发自内心地"坦然"应允；后者是心里清楚，答应了意味着自己就真的要付出行动，这可不是他真心要做的事情，所以会立即"真诚"地加以拒绝——他们嘴上所说的都是内心真实的写照。

圣人告诫我们"敏于行而讷于言"，是让我们认识到说话的重要性。一个人要想有所作为，就要认识到语言的重要性。在社交中，一个人的说话方式，最能体现出其真实的修养、处世能力，以及做人的境界。

语言作为我们与外界沟通的桥梁，重在一个"诚"字，要有发自

内心的诚意，经过大脑的筛选，在睿智的思想里百转千回后，赋予每个字所承担的责任，让每句话有了灵性，再经过嘴巴情感的渲染，才能让听者心服口服，达到说话者想要的效果。

齐景公在臣子陪同下游览都城，看到大好河山，想到人死后不能再享受生活而伤心恸哭，陪同的两位大臣也跟着哭，只有晏婴在一旁大笑。齐景公生气地问他怎么故意和自己作对？晏婴却说，如果人人长生不死，那么齐国去世的国君要辅佐齐国的太公，而你齐景公此时正在田地间劳作。现在你贵为一国之君，居然为生老病死的自然规律而哭，这是不符合仁义道德的。并说："不仁道的国君我看到一个，谄谀的近臣我见到两个，这就是我私自发笑的原因啊！"

晏婴的话让齐景公幡然醒悟，为了惩罚自己的失礼行为，他先是自罚三杯，又罚了陪他一起哭的两位臣子。

齐景公能听进去晏婴的话，一方面说明晏婴了解自己上级领导的习性，另一方面则说明晏婴深知自己为人臣的职责，就是辅佐国君兴国安民。所以，当他发现国君有失言时，毫不犹豫地加以劝阻。

由此可见，言语，如同心灵的镜子，能折射出一个人内在的品性与思想。"以言为鉴，察人观心"，正是提醒着我们要善于从他人的言语中去洞察其本质。

语言是人们表达自我的重要方式。一个人的言语中蕴含着他对世界的认知、对事物的态度以及自身的价值观。积极向上的人，往往会说出充满希望与鼓励的话语，他们的言语如阳光般温暖人心，让人感

Chapter 1 内在觉醒：洞察事物的本质

受到力量与信心；而消极悲观的人，则可能常常吐出抱怨与哀叹，从他们的言辞中可以察觉到内心的阴霾与无奈。通过倾听他人的言语，我们能大致描绘出这个人的精神画像。

在职场上，企业领导者会通过观察员工的言行，来了解他们的内心世界和真实想法，除此之外，企业领导者还需要具备敏锐的观察力和判断力，平时要注重与员工的沟通和交流，建立良好的人际关系，这样才能更好地选拔和培养人才。

马化腾是腾讯公司的主要创始人之一，他在选拔人才时非常注重观察员工的言行。他认为，一个人的言行可以反映出他的性格、能力和价值观。

在一次内部会议上，马化腾注意到一名员工在发言时表现得非常自信和有条理，能够清晰地表达自己的观点，并且对问题有深入的分析和思考。因为对这名员工的表现印象深刻，会后马化腾专门找这名员工进行了交流，了解他的工作情况和职业发展规划。在交流过程中，马化腾发现这名员工不仅具备扎实的专业知识和技能，而且对工作充满热情和责任心，有很强的团队合作精神和创新能力。

基于对这名员工的观察和了解，马化腾认为他是一个非常有潜力的人才，就决定给他提供更多的发展机会和挑战。结果表明，这名员工也没有辜负马化腾的期望，在工作中表现出色，为公司的发展作出了重要贡献。

古人常说，"言为心声，语为人镜"。言语不但代表一个人内心的思想，还能照出这个人内心的真实样貌，反映出他的道德品质。真诚善良的人言语真诚恳切，不会虚伪做作，更不会口出恶言伤害他人；而虚伪狡诈之人，可能会巧言令色，用花言巧语来迷惑他人以达到自己的目的。君子之言，掷地有声，他们信守承诺，言行一致；小人之语，往往出尔反尔，难以让人信任。

日常生活中，我们认清一个人，不能仅凭说话就完全断定一个人的全部特质，还需要结合其他方面的表现来综合考察，可以从一个人的言语习惯，来大致地判断其性格特征和内心世界，如图1-3所示。

图1-3 说话习惯折射一个人的性格和内心

1．说话的语调

如果一个人说话的语调高昂，可能表示他对要做的事情充满激情、自信，或者是情绪比较强烈；而语调低沉也可能反映出这个人的性格内敛、稳重，或者情绪不高。

2．说话的语速

如果一个人说话语速较快，可能表明此人思维敏捷、性格直率，但也可能显示他的急躁或紧张。而说话语速缓慢的人，他的性格比较沉稳，做事情深思熟虑，或者比较内向、谨慎。

3．说话的用词

如果一个人说话经常使用积极向上的词汇，往往体现出他拥有乐观的心态；如果一个人说话爱用专业术语，可能表明他在特定领域有一定造诣；频繁使用夸张词汇可能个性较为张扬。

4．说话的逻辑

如果一个人说话的逻辑条理清晰，说明思维清晰、有较强的逻辑思维能力；若逻辑混乱，可能反映出这个人思维不够严谨或缺乏深度思考。

5．说话的语气

如果一个人说话时，总是重复某些话语，有可能显示他内心对某些事情的强调或是不自信；如果一个人说话的语气坚定，通常表示其自信且有主见；语气犹豫可能表示其信心不足或在隐瞒某些事情。

6．说话的话题

如果一个人说话时常聊宏大话题，这个人可能有较强的抱负和宏观思维；如果一个人总是围绕生活琐事去谈，有可能他更关注现实生活中的细节。

一拼到底：遇见真实的自己

03　眼见不实，认清生活的真相

《易经》说，一阴一阳之谓道。世间万物都是阴阳组合，阴阳互为对立面，表现外在的是看得见的阳面，隐在背后的难以发现的是阴面。这就好比一座冰山，我们肉眼可见的是屹立在水上面的山，此为阳面，潜伏于水下深不可测的无法看见的那部分则为阴面。看得见的是果，看不见的是因。要想弄明白一件事情的来龙去脉，我们就要从看不见的"因"入手探索。

《鹖冠子·卷下·世贤第十六》有如下记载：

魏文王之问扁鹊耶？

曰："子昆弟三人其孰最善为医？"

扁鹊曰："长兄最善，中兄次之，扁鹊最为下。"

魏文侯曰："可得闻邪？"

扁鹊曰："长兄于病视神，未有形而除之，故名不出于家。中兄治病，其在毫毛，故名不出于闾。若扁鹊者，镵血脉，投毒药，副肌肤，闲而名出闻于诸侯。"

Chapter 1　内在觉醒：洞察事物的本质

魏文王问名医扁鹊："你们家兄弟三人都是名医，谁的医术最高？"

扁鹊说："大哥医术最高，二哥的医术比起大哥的略微差点，我是三人中医术最差的一个。"

魏王不解地问："我不明白你讲的意思，能详细讲讲吗？"

扁鹊说："大哥治病，是在病人自己都不知道生病时，他就下药除了病根，让人误以为他故弄玄虚，自然没有名气，只有我们家里人欣赏他。二哥治病，是在病人只有轻微症状时，他能做到让病人的小病没有进一步恶化的机会，所以，乡里人称他治病很灵。我是在病人的身体被病毒折磨得已经奄奄一息时出面诊治，这时家属心急如焚、束手无策。他们全程目睹我在病人身上动刀刮骨，使用各种药物，经过这一番操作，病人病情得到控制，所以我的医术在全天下闻名。"

扁鹊三兄弟的故事启发我们，认清事物真相需要经历三重境界。如图 1-4 所示。

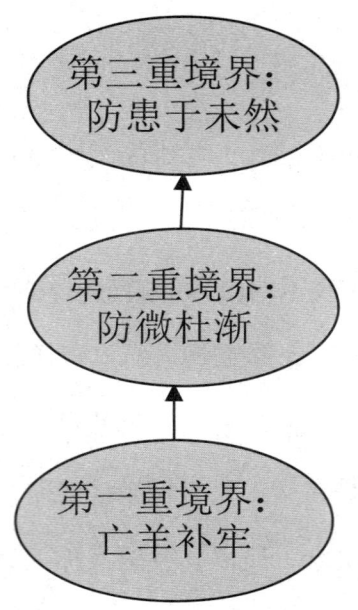

图1-4 认清事物真相经历三重境界

第一重境界：亡羊补牢

亡羊补牢就是当事情发生后，人们亲眼看到了事态不利于自己时才想办法解决，相当于扁鹊是在病人病入膏肓时，他通过对病人的仔细观察，寻找治疗的方法，借用药物或是手术等手段来挽救病人的生命。

第二重境界：防微杜渐

防微杜渐就是不让小的损失引发大的灾难，就好比蚁穴溃堤一样，如果不重视细微的错误，小小的蚂蚁也能把长长的堤坝啃噬到摧毁。扁鹊二哥的医术正好起到这个作用，他能在病人的病情出现不好的苗头时加以制止，不但能让病人的病情不再扩散，还能让病人痊愈。

第三重境界：防患于未然

防患于未然，就是我们常说的有备无患，就类似于扁鹊的大哥看病那样，病情还未出现之前就采取措施加以防备，不给病毒可乘之机，全面保证人的健康。也就是说，扁鹊的大哥能一眼看透病毒的本质，这才是高明到无形的医术。

在日常生活中，如果我们像扁鹊的大哥那样具备看透事物本质的能力，更有助于我们从根本上解决问题。遗憾的是，很多人经常连第一重境界都达不到，必须等到事态严重难以挽回时才被动出手，还不一定能做好。

古人有诗曰："莫看江面平如镜，要看水底万丈深。"任何事情不能只看到事物的表面，因为表面的波澜不惊也许暗藏着水底深处的波涛汹涌。

蒙蔽我们双眼的通常是眼睛看不到的地方，这些视线达不到的盲区，恰恰又是容易让我们忽视的地方，也是事情的真相。

有个30多岁就称霸商界的年轻富商，以过人的经商天赋著称，经媒体报道后，他成为很多人学习的榜样。大家称他是白手起家的"天才"企业家。

另有鲜为人知的一面是，他家世代经商，家族积累了雄厚的财力。在他的公司遭受重创时，家族企业帮忙注入巨额资金。他的岳父则是某商会副主席，为他提供稳定的客源——这些背后的因素他从不

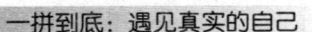

示人。

所以，人们看到的只是在媒体的聚光灯下，已达亿万身价的他声情并茂地讲起创业时受的煎熬，他说是对员工和客户的责任，是对职业的无比热爱，让他在公司遭受一次又一次重创时力挽狂澜，经过不懈的坚持和努力才有今天的东山再起。

他把成功创业的经验分享给人们："创业考验的是人的心理素质，没有钱、没有人脉、没有资源都不可怕，只要你足够热爱所干的事业，只要你抱有坚定不移的信念，只要你永不放弃，你永远都有翻盘的机会。"

人们对他的话深信不疑。很多人在他的事迹鼓舞下选择冲动创业，但能做到像他那样成功的人微乎其微。只有一个中年人坚持了下来，但也只是勉强能够养家糊口而已。

有人问中年人，学习了年轻富商的哪些创业秘诀？

中年人回答，热爱和坚持，再加上自己的无奈。原来，这个中年人之所以创业，是因为失业后实在找不到合适工作，他才决定在熟悉和热爱的行业拼一拼、搏一搏。既然没有了退路，再难都要硬着头皮坚持下去。在困境中硬扛、摸索前行是唯一的出路。因为没有资金没有资源，他的小公司始终挣扎在生存线上。

这就是为什么不能照搬他人的成功经验，只能是根据自身的实力加以适当借鉴。因为每个人的情况不一样，而且他人展示给你看到的表象未必是真相，你看到的只是对方慎重筛选后刻意美化的"东西"。

Chapter 1　内在觉醒：洞察事物的本质

至于真伪，则需要结合自己的实际情况去判断。

对于所遇到的事情，我们既要接受其光明的一面，也要接受其阴暗面。将两者综合起来加以提炼，根据自我感悟来提升自己。

在生活中，有很多人坚信"眼见为实"，一口咬定唯有"证据确凿"，才是真相。正是过分相信眼睛看到的东西，才让华而不实的东西成为爆款。

人们选择做一件事情前，会或多或少地加入个人的期望和欲望，特别是那些带有功利心做事情的人，会把表面功夫做得非常到位。就像当下一些企业做的五花八门的产品广告，把产品美好的一面放大后展示出来，产品缺陷的一面深埋下去不让你看到，并不是产品本身没有缺陷，只是对方藏得太深，才让我们心甘情愿地忽略真相，买回去一堆与宣传不相符、质量堪忧的产品。

一般来说，让我们产生错觉的原因主要有两点：一是受环境的客观影响，因自身能力有限而看不清事物真相。二是故意为之，自己为了达到某种目的选择无视真相。这两点原因中，第一点原因很重要，我们要努力提升自己的认知来看清事物的真相。

俗话说，有人的地方就有江湖。我们一生中要跟无数的人打交道，需要通过与人合作互动共谋事情。这就需要我们在为人处世时，努力避免产生错觉，要学会通过阴阳两面深刻地去"看"一件事情，善于从事物的表层探索底层，认识到事物的真相，不至于让自己遭受无妄之灾。

《大学》中说:"物有本末,事有终始。"每样东西都有根本、有枝末,每件事情都有开始、有终结。明白了本末始终的道理,才能接近事物发展的规律。

人生就像不断变化的春夏秋冬四季,我们既然享受了春光的明媚和秋天的收获,就要忍受夏天的酷暑和冬天的寒冷,并且在寸草不生的冬季耐心等待万物复苏的春天。在得到与失去之间去做取舍。

养成以下习惯,有助于我们学会辨别事物的真相,如图1-5所示。

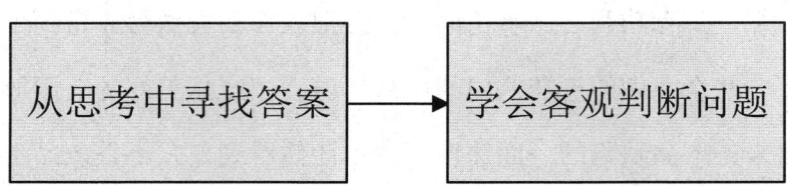

图1-5 养成看事物本质的两种习惯

1. 从思考中寻找答案

养成思考的习惯。我们在生活中遇到的任何事情和问题,都离不开因果定律。眼睛看到的表层,通常是因为内部的因素造成的。比如,一棵高大挺拔的树,一旦枝条枯萎,一定是树的根部出了问题。

一个有修养、性格好的人突然对你大发雷霆,就好像换了一个人一样,原因有两点:一是你只了解了对方"好"的一面,也可能是他故意让你看到的,他还有更多的另一面没有展示给你;二是你的某些行为是点燃对方发怒的导火索,超过了他的隐忍程度,这些因素就像决堤的水，是长久累积起来的结果。

凡事多做深一层的思考，可以让自己少犯一些错误。

2.学会客观判断问题

所谓客观判断，就是将自己置身事外，以局外人的身份看待问题。客观判断是建立在不带任何个人情绪、不迷信专家、不盲目跟风的基础上，学会用独立思考的精神判断问题。比如，有个成绩不好的学生和成绩第一的学生打架，作为班主任的你出面解决他们的矛盾时，就只对两个学生此次争执的真实起因判断双方责任，而不能因为其中一个学生成绩好就认定他不会犯错，从而对他有所偏袒。

孔子称赞子路凭借"片言"就可以"折狱"，是因为子路平日"无宿诺"。也就是说，子路能够在断案方面做到明辨是非，跟他平时为人勇敢坚定、重情重义、光明磊落、忠于职守有关系。所以，一个能够达到客观判断事情的人，自己必须具备"心底无私天地宽"的品质，这样才能做到"以己度人"、以理服人。

04 耳听有虚，分辨话中的"动机"

这个世界上，最不能直视的是人心。不只是别人的心，还有自己的心。每个人的心情会随着环境、时间，以及所遇到的不同人或事情而发生改变。很多时候，我们连自己的心思都猜不透，更何况识别他人之心了。所以，古人让我们对人对事要做到毋意、毋必、毋固、毋我，即：不凭空臆测、不绝对肯定、不固执迂腐、不自以为是。

人是群居动物，生活和工作中要和形形色色的人打交道，方能进行合作共事。如何与别人进行畅通无阻的沟通、交流，则需要我们通过多个方面来领会对方的真实意图。

说话是人与人最平常也是最直接的交流方式，却往往带着巨大的欺骗性。言不由衷、声东击西、调虎离山、含沙射影、指桑骂槐等含蓄隐晦的语言太多了，稍有大意，都难以摸清对方的真实意图，不利于双方关系的进展，甚至于因沟通不畅出现相反的结果。

C家里发生重大变故，需要长时间处理，在外地工作的他只得辞职。一向待他不错的老板见无法挽留他，就托他帮着找个人顶替他的工作。正好C最要好的朋友A处于失业状态，他就热心地把A介绍给老板了。

A私下里向C打听老板的为人，他打着包票说，老板除了脾气急点，人品没有任何问题，否则，自己不会在公司待3年。A仍不放心，又找了4个认识这个老板的人打听，结果，每个人说得都不一样。

其中有一个从公司主动离职的人说，老板抠门，说话不算话，爱克扣员工的提成；有一个跟公司有过多年合作的客户则说，老板比较看重钱，但不会在小事上计较；另外两个还在职的员工一致认为，老板脾气太差，只能忍受。

A在面试过后，结合大家的话和自己对老板的印象，分析后得出：这个老板值得追随。他认为，人无完人，何况人家是老板，爱财、有点脾气是正常的。

然而，他在公司干了不到一年就离职了，原因是因为业务减少了，老板开始拖欠工资。

真正认清楚一个人，还是不要指望从他人嘴里去了解。因为每个人所站的角度不一样，看到的结果自然也不一样，就像你我分别站在"6"的对面看"6"一样，我念的"6"跟你念的"9"虽然是相同的数字，但因为所站的角度不一样，得到的结论也会迥然不同。

古人说，耳听为虚。通过"耳听"来了解一个人，是最不靠谱的。人的耳朵就像带有"磁场"的传送器，什么声音从耳朵里过一次，再出来时就会附加上耳朵主人内心的情绪、声音情感的烘托，以及夸张的脸部表情，保证你听到的"意思"不是原汁原味的。

不管是他人耳朵中的对方，还是你耳朵中的对方，都是说话者和被听者两次加工后的样子，这才是造成你们对同一个人不同认识的根源，同时也是对方在不同人心中的价值所决定的。

A的朋友认为老板不错，也许是因为他适合做这份工作，或者是他的工资在老板认可的范围内；因为老板克扣提成的离职员工，可能是他业务能力强，得到的提成太多，老板不愿意给；另外两个说老板脾气差的员工，可能是他们的工作达不到老板的预期导致老板发火；公司的客户，对老板的评价更为纯粹一些，就是老板比较看重金钱。

因为无论是A的朋友，还是另外2位员工，他们都提到老板脾气急或脾气差。老板之所以总发脾气，可能是公司经营亏损，或者是老板认为员工为公司创造的价值太少，才造成给A他们拖欠工资——总之，这些事情都是与"钱"有关系。

综合大家的这些看法得出：老板比较看重利。所以，客户和没有拿到提成的员工评价得稍微精准一些。

人性是复杂的，所以真正了解一个人很难。但是，百密必有一疏。再会伪装的人，仍然能够从他的言谈中判断其人品。所以，平时与人交往，我们要留心自己耳朵听来的话。

古往今来，历史上不乏有很多曾经是贤明的国君，因为陶醉于耳朵听好话所带来的听觉享受，最终落得一个误国害己的下场。

齐桓公胸怀宽广、志向远大、从善如流、礼贤下士，他是春秋时期齐国具有政治才能的明君。但在他统治后期，因为迷失在甜言蜜语里，在重病期间遭到奸臣软禁，得到的竟然是活活饿死的悲惨下场。

早年的齐桓公在管仲的辅助下称霸于诸侯，管仲因病去世前一再叮嘱齐桓公，要远离朝中四个有着作乱潜质的小人，即易牙、竖刁、常之巫、卫公子启方等四人。

齐桓公颇为不解，因为这四个人是他最喜欢的人，他认为他们是难得的忠臣，对他有说不完的他爱听的话，齐桓公想要什么，想听什么，他们都会满足他。

为了向管仲证明，齐桓公还提到这四个人做的很多"感动"他的事情：

齐桓公这辈子没有吃过人肉，不知道人肉是什么味道，易牙立刻杀了自己的亲生儿子供他品尝；竖刁对齐桓公说，为了方便孝敬君主，他便挥刀自宫当了太监每天伴随齐桓公左右；齐桓公生病了，会巫术的常之巫更是主动提出为他解病消灾，帮他增寿；卫公子启方每天则在齐桓公耳边说着"感人的誓言"，此生此世，他要每时每刻地为齐桓公效力，甚至于他父亲死后的丧礼，卫公子启方也以侍奉齐桓公为由而不去参加。

管仲以人性之面分析了这四个人："易牙为了讨好您连亲儿子都杀死，这样的人不是忠，是残忍，一个连亲儿子都能痛下杀手的人，将来他肯定不会效忠您；竖刁为了讨好您，连自己都能伤害，一个连自己的身体都保护不了的人，就别指望他能保护您了；常之巫使用巫术蛊惑您的心，可见这种人为达到目的会不择手段，您必须严加小心；卫公子启方连基本的孝顺父母的心都没有，这种人已经没有心了，有一天他从您这里得不到利益时，他对您会无情翻脸。这四个人是不能重用的小人，他们现在对您的一言一行，只为了在您这里得到更多的利益。"

齐桓公内心虽然不舍，但他又觉得管仲说得有道理。管仲死后，他就把这四个人驱逐出宫。可是因为他的耳朵已经习惯了听四个小人讲的阿谀奉承的话，他无法适应听不到"顺耳"话的生活。在煎熬中过了两年，齐桓公又把四个人叫回身边。

这四个人一边继续给齐桓公耳朵里灌好话，一边勾结在一起诬陷残杀朝中贤良臣子。他们趁着齐桓公重病之际结党营私，对外封锁齐桓公生病的消息，假传君命，牢牢控制了朝中大权。

无能为力的齐桓公想起管仲的话，后悔莫及的他抑郁而死。而他的五个儿子为争王位，打得你死我活，根本顾不上埋葬齐桓公。直到新君即位，才收殓了他的尸身。

古人说："听其言而观其行。"大道至简，要分辨一个人说话做事的动机，可以从他说话和做事的分寸入手分析。当一个人在你面前说的话、做的事已经超出人性底线时，你就要引起警惕了。这种用"好"到极端的方式对待你的人，他日也会用同样极端恶的手段对待你。

"天下熙熙，皆为利来；天下攘攘，皆为利往。"驱动人们愿意做事的动机，本质还是希望有"利益"可图。由于每个人对争取"利益"的方法不同，也导致了不同的动机。

君子爱财，取之有道。追名逐利没错，只要从正道上取得就可以了。但人性是复杂的，而语言又极具迷惑性，所以，要善于分辨对方每句话中的"动机"。

一个人不会无缘无故地对你好，当一个人接近你，或者突然对你好时，你要保持清醒的头脑。你想要认识一个人，不要听他人怎么评价这个人，即便人家说的是实话，也只是对方站在个人的角度上去理解的。就像"小马过河"中的小马一样，只有自己去全面接触，才能获取到真实的信息。

《史记》中说："能行之者未必能言，能言之者未必能行。"如何从一个人说的话中分辨其动机，可以借鉴下面几种方法，如图1-6所示。

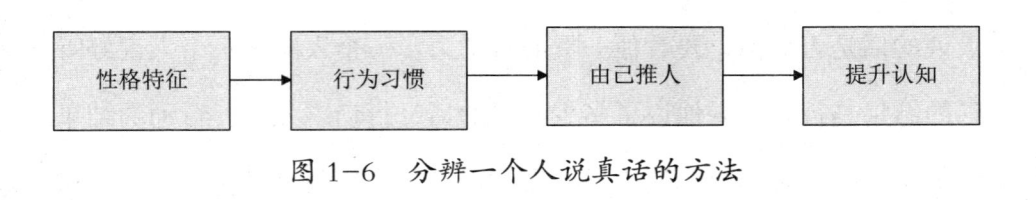

性格特征 → 行为习惯 → 由己推人 → 提升认知

图1-6 分辨一个人说真话的方法

1. 性格特征

对于性格外向、善于表达的人，他们的话语可能丰富而生动，但要留意是否存在夸夸其谈、过于夸张的成分。这类人通常善于社交，可能会为了迎合场面或吸引他人注意而说出一些不太真实或夸大其词的话。

而性格内向、寡言少语的人，他们说的话可能较少，但往往较为真实和经过深思熟虑。但也不能一概而论地认为他们说的就一定完全可信，或许他们因为内向的性格，在某些重要事情上会选择隐瞒或回避。

无论何种性格，关键还要看其言行是否一致。如果一个人总是说一套做一套，那即便其性格看似诚恳，其言语的可信度也值得怀疑。所以，还要观察其在面对压力和利益冲突时的表现和言辞。在困难情境下，一个人的真实性格和诚信度往往更容易暴露。

2. 行为习惯

一个人再热情，话说得再漂亮，不如看他一次行动，敢说敢做、能说能行的人才值得交往。就像老板向员工要"结果"一样，听一个人说的话是否靠谱，要看他一贯的行动力。一个人向另一个人说好听话的结果是行动，看他说了多少好听的话，行动了几次？行动的结果跟他所说的是否吻合？他说过但没做后又是如何为自己遮掩的？从这些言行来观察一个人。

3. 由己推人

对于他人的话，我们要学会站在对方角度去分析。比如，当有人用言语冒犯你时，你先不要冲动反击。而是站在对方立场去想一想，假如你是对方，现在突然说这样一句话冒犯对方，你是何意？由己推人，很容易找到对方说出此话的真正意图，你才会理解对方，然后再想办法化解矛盾。

4. 提升认知

莎士比亚曾经说过："一千个读者眼中就会有一千个哈姆雷特。"世界上没有相同的两片树叶，也很难有两颗相同的心，更不存在完全相同的认知。因为一个人的变化是受环境、场合、遭遇而随时改变的。

每个人对他人的了解，大部分是经过其心理滤镜后得出的印象，主观性很强，这种印象带着浓重的主观意识。听人说话也是同样的道理，由于认知能力有限，一旦超越认知范围，自然难以辨别他人说的话，就会因为主观臆测而引起误会。而提升认知，除了看书学习外，还可以通过和不同层次的人交流开阔眼界，同时要懂得察言观色。

05　身体语言，善待你的"本相"

我们生命旅途中认识的每一个人，都会或多或少地影响到自己。

在感情上，一旦识人不准，更容易遇人不淑，严重时影响到自己未来的生活；在工作中，遇到不赏识自己才华的领导和上司，仕途就会受挫；在职场上，碰到不靠谱的同事或是合作伙伴，会让自己的事业难有大的发展……俗话说，画人画虎难画骨，知人知面不知心。识人难就难在看不清对方的本相，也就是其真实面目。

所谓贵人，就是能影响自己一生的事业和成就的人。而要真正找到那个跟自己匹配又相互成全的"贵人"，需要具备识人的慧眼，这样才能够在茫茫人海中，一眼就认出与你互相成就的"贵人"。

古人说，面由心生。五官之所以和一个人的内心有关系，是因为一个人平日的所思所想所作所为，都离不开内心的支撑。一个人嘴上不经意间说的每一句话，看人的每一个眼神，身体做的每一个细微动作，既是他的日常习惯，也是他的本来面目。

要想真正认清一个人，时间是最好的试金石。当两个人相处时间长了，对方的言行举止、说话习惯等行为，能成为判断对方喜怒哀乐的一种规律，就像天气预报一样，提前预测出对方的所思所想。

我和朋友刘海相识多年。起初，我对他的性格和情绪并没有深刻的了解。但随着时间的推移，我逐渐发现了一些规律。

当他在工作上取得成绩时，他会兴奋地提高音量，眉飞色舞地向我讲述细节，脚步也变得轻快；而当他遭遇挫折时，他会不自觉地皱起眉头，话语变得简短且低沉，走路也有些拖沓。如果他心情愉悦，他会主动和身边的人开玩笑，笑声很爽朗；要是心情不佳，他会沉默寡言，一个人安静地待着。

通过长时间的相处，我熟悉了刘海的这些言行举止和说话习惯，从而能够从他的身体语言提前预测出他的喜怒哀乐，更深入地理解他的内心世界。有一次，刘海来我家，我看到他进门时步伐沉重、脸色阴沉，我就猜出他当天的工作可能进展得不顺利，于是默默地递给他一杯水，给他一些安静的空间，让他舒缓情绪。

那天他对我说，他最近的工作屡次出现失误，老板多次找他谈话，批评他不认真。

我能从朋友的身体语言猜出他的心事，主要原因有两点，如图1-7所示。

```
                    ┌─────────────────────────┐
                ┌───│  身体语言塑造身体"本相"  │
                │   └─────────────────────────┘
                │   ┌─────────────────────────┐
                ├───│ 身体语言"出卖"身体"本相" │
                │   └─────────────────────────┘
┌──────────────────┐
│ 身体语言透露的"本相" │
└──────────────────┘
```

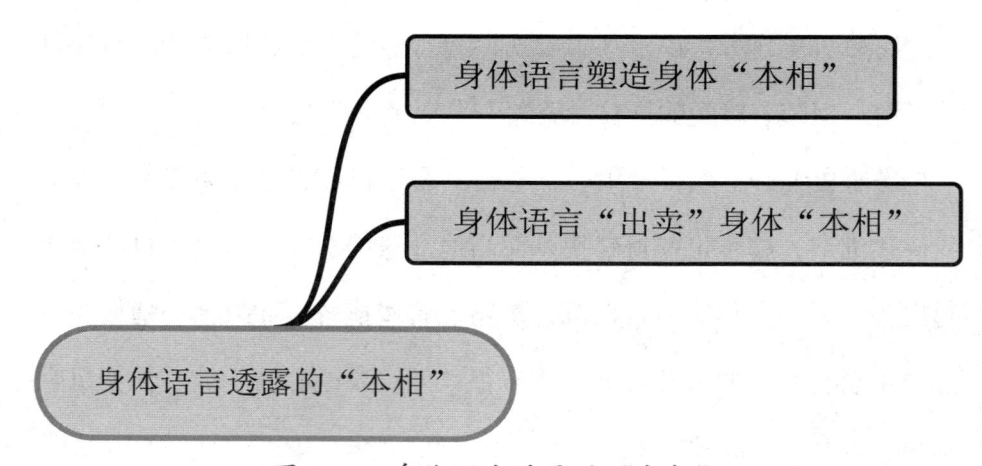

图 1-7　身体语言透露的"本相"

身体语言塑造身体"本相"

我们在熟悉的人面前，身体会习惯性地放松，形成一种固定的身体语言，成为自然的"本相"，一旦有变，"本相"随即改变，就会被对方识破。

身体语言"出卖"身体"本相"

一个人的心事，无论你怎么掩盖，身体语言也会"出卖"你，让你原本自然的"本相"，也因心事而变得"忧心忡忡"。所以，人们说的"日久见人心"，见的是对方的"本相"。

一个人如果内心永远存有善念，其"本相"再怎么改变，也脱离不了"慈眉善目"的"本相"。

在平时的社交生活中，大家在面对不同的人时，会不由自主地藏起自己的"真面目"，用身体语言"包装"成对方喜欢的样子进行交流。

而时间就像清澈的水一样，能洗掉彼此脸上的妆容，让彼此的"本相"不由自主地袒露给对方。

曾仕强教授在提到如何看人时，说过这么一段话："看人趁他不注意的时候，看他的本相；趁他注意的时候看他的表现，这当中有多大的落差。当一个人精神抖擞的时候，多半是假的。一个人很自然的时候，那是他的真相，这当中落差有多大，你就知道这个人变化有多大。"

一个人最自然真实的流露，就是他的"本相"。

在小品《警察与小偷》中，陈佩斯饰演的小偷在小品中扮演假警察给同伴放风，这时遇到朱时茂扮演的真警察巡逻。陈佩斯饰演的小偷虽然穿着警察的衣服，但在和扮演真警察的朱时茂说话时，虽然他一直在极力掩盖自己的小偷身份，还附和着真警察讲一些冠冕堂皇的话树立自己的形象，但其举止、眼神、说话的态度屡次暴露出其"本相"，也就是小偷的身份，最终被识破而捉拿归案。

红顶商人胡雪岩说过，几千年来，一切都在变，只有人性没有变。人性中既有贪欲，也有无私。君子和小人之间最大的区别，就是君子用诚信和心口如一的行动与人交往战胜贪欲，小人用虚伪、谎言纵容自己的私欲，甚至为了一己私利不择手段地欺骗他人。

由于君子和小人平日里所思所想的事情有差异。久而久之，君子和小人的本相也会有所差异。哪怕你不认识他们，即使他们不说话，只要你仔细观察他们，仍然能够在不了解他们的情况下分辨出两个人的本性。

心理学教授艾伯特·麦拉宾说过，人们对一个人的印象，只有7%是来自于你说了什么，有38%来自于你说话时的语调，而55%来自外形与肢体语言。也就是说，哪怕是对于陌生人，只要仔细观察一个人的身体语言，也能够知晓他内心的真实想法。

孔子说："视其所以，观其所由，察其所安，人焉瘦哉，人焉瘦哉。"看一个人的行为，观察他的动机，再考察他是否出自真心。那么，这个人是无法隐藏的。

圣人之所以称之为圣人，是因为他们能够洞察事物的本质，他们识人不只是从一个人的语言来评判，还要从其身体语言窥探其心。所以，世有伯乐，然后有千里马。但千里马常有，伯乐却不会常有。足见识人的重要性。

身为凡夫俗子的我们，想要成就一番事业，就需要志同道合的人来相互成就。要找到理想的合作者，认清一个人的本相是根本。同理，别人也在用同样的方法寻找一起共事的人。我们通过什么方式去识人，别人也会用什么方式来看我们。

要想找到彼此信任、真诚谋事的人，就要把自己的本相表露出来给对方。可以尝试从以下几点来做，如图1-8所示。

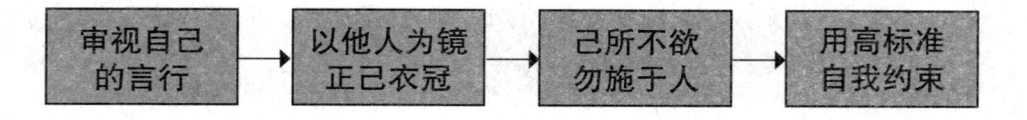

审视自己的言行 → 以他人为镜正己衣冠 → 己所不欲勿施于人 → 用高标准自我约束

图 1-8　表露本相的具体做法

1. 审视自己的言行

古人说，正人先正己。平时多注意自己的言行，说话有温度才能显示你的气度，值得信赖才能显示你的担当。开口说话前在心里问问自己，如果对方这么说你，你是什么感受？在向他人承诺前，就要想好如何履约。永远要遵守"言必行行必果"，真心实意地与他人交往，为自己树立信守承诺的形象。

2. 以他人为镜正己衣冠

有位名人说过，世界如一面镜子：皱眉视之，它也皱眉看你；笑着对它，它也笑着看你。他人就像我们的一面镜子，通过看他人为人处世的行为习惯，来检验自己的不足，改正自己的缺点。正如古人告诫我们的那样，有则改之，无则加勉，这样才会让自己一点点进步。

3. 己所不欲，勿施于人

遇到不顺心的事情时，不要轻易指责他人，也不要一味地要求别人。"己所不欲，勿施于人。"凡事多从自己身上寻找原因，改变他人难，改变自己更难，但只有改变自己，才能够真正解决问题。

4. 用高标准自我约束

《春秋》中说：家有千金，行止由心。原文翻译，是指一个人如果家里很富有，做什么事情就会随着自己的心意（随心所欲）去做。

当一个人很富有时，因为获得了财务自由，他的言行举止随心自然地表现出来。这里的"随心"，是指他对所做的事情有着很高的道德标准，是怀着一颗不计回报、很纯粹的心去做事情的。这就是人们常说的"德配位"，自然也能"德配财"。

我们做人做事，只有做到自我约束时，才能达到"德配财"的境界，其表现在外的体态语言，会传递给人一种正向信息，也最容易获得他人的信任和赏识。

Chapter 2

心理素质：
拥有王者的境界

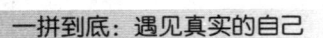

01　战胜自己，控制住你的负面情绪

老子说："胜人者有力，自胜者强。"一个人若凭借力量战胜别人，只能证明他身体强壮，这些优势，等他年龄大了，或是身体有病时，就不能再威慑别人了。所以，只有战胜了自己的人，才是胜利者。

我们公司业务部的总监肖海，当年他大学毕业初入公司时，由于性格内向，不善言辞，在团队讨论工作中的问题时，他总是不敢表达自己的想法。

每次团队开会时，肖海看着同事们在会议上自信地发言，我能看出他对同事是既羡慕又自卑。为此，我多次找他谈话，让他参与团队会议发言。他说，他也想和大家一起讨论，只是害怕自己说错话被同事和领导否定。我就鼓励他要对自己有信心，就要先战胜自己。

有一次，公司接到了一个重要项目，需要团队成员积极出谋划策。我提前找到他谈心，告诉他，这可是一个难得的锻炼自己的机会。他也答应试一试。

在项目讨论会上，我看到肖海几次欲言又止。我一边提议大家畅所欲言，一边说："每个人要大胆发言，不要担心自己说得不够好。只有先战胜自己的人，才是胜利者。"我的话刚说完，肖海就站了起来，他深吸一口气，开始慢慢地阐述自己对项目的见解和想法。

虽然一开始他有些紧张，声音也微微颤抖，但他坚持说完了自己的观点。让他惊喜的是，领导和同事不仅没有嘲笑他，反而对他的一些想法表示了认可和赞扬。

从那以后，肖海逐渐变得自信起来，他在工作中积极参与各种讨论和交流。经过不断努力提升自己的表达能力和专业知识，在后续的工作中表现得越来越出色。

几年后，肖海凭借自己的努力和勇气，在公司中获得了晋升的机会。他特地找到我，向我表示感谢，他说，这段时间的工作经历，让他深刻地体会到，战胜自己内心的恐惧和不自信，才是真正的胜利。

罗曼·罗兰说，"在你要战胜外来的敌人之前，先要战胜你自己内在的敌人；你不必害怕沉沦与堕落，只请你能不断地自拔与更新。"一个人在愤怒的情况下，会让负面情绪占据整个内心，这时冲动占据理性之上，会做出一些丧失理智、后悔莫及的事情。

《三国演义》中，关羽兵败麦城后，被潘璋的部将马忠杀害。张飞因过度悲伤无法控制自己的情绪，任由负面情绪爆发。

由于张飞在冲动之下作出了不正确的决策，在时机不成熟时，他执意上战场为关羽报仇，却因为草率的决定得罪了自己的两个部下，在遭遇背叛后被部下所杀。

芬兰作家西兰帕说过，胜利的第一个条件是战胜自己。能战胜自己的人，首先表现在能控制住自己的负面情绪。负面情绪诞生于人们受到刺激后的瞬间爆发，就像突然决堤的滔滔洪水，势必给没有准备的人们带来不同程度的破坏。所以，无论是应对生活中突发的意外和灾难，还是在受到不公平的对待时，一定要先把内心的负面情绪压下去，记住"小不忍则乱大谋"，适时地退一步，让自己冷静地去想办法，才有改变现状、迎来转机的机会。

每个人心中都住着一个恶魔，这个恶魔就是负面情绪。它让我们自我否定、自卑、怀疑自己，对生活没有信心，一旦遇到困难和挫折便萎靡不振，在抱怨之后选择逃避或是放弃。虽然逃避和放弃让你当时解脱了，但是也让你和机会失之交臂。

埃隆·马斯克是一位在科技和商业领域掀起惊涛骇浪的人物，在他的创业历程中，面临着无数的挑战和挫折，而控制负面情绪、战胜自我成为他抓住机会的关键。

在特斯拉的发展初期，面临着技术瓶颈、资金短缺以及市场的质疑。有一次，特斯拉的一款新车型在关键测试中出现了严重故障，导致大量预订客户要求退款，公司内部也弥漫着焦虑和恐慌的情绪。

面对这一危机，马斯克内心也充满了焦虑和压力，但他深知被负面情绪掌控将导致失败。他迅速冷静下来，控制住自己的情绪，组织团队进行深入的问题分析和解决方案的探讨。

在会议上，有人提出放弃这款车型，专注于现有产品的改进。这一建议引发了激烈的争论，一些团队成员情绪激动，甚至发生了激烈的争吵。马斯克没有被这种混乱的局面所左右，他以平和而坚定的语气说道："我们不能逃避问题,这是我们展现能力、战胜困难的机会。"

马斯克以身作则,每天投入大量时间与工程师们一起攻克技术难题。在这个过程中,他始终保持着积极的心态,鼓励团队成员不要被暂时的困难打倒。

最终,经过几个月的努力,问题得到解决,新车型成功上市,受到市场的热烈欢迎。特斯拉借此机会扩大了市场份额,成为电动汽车领域的领军企业。

正是因为马斯克能够控制负面情绪,战胜自我,在危机中保持冷静和坚定,才使得他抓住了机会,带领特斯拉走向成功。

美国心理学家费斯汀格告诉我们,生活中的10%是由发生在你身上的事情组成,而另外的90%则是由你对所发生的事情如何反应所决定的。这里提到的"反应",就是我们对待事情的态度。

面对同样难度的工作挑战,一个积极的人和一个消极的人的态度会出现两种不同的结果:

消极的人会说:哎呀,这要求太难做到了,以我的能力根本没有办法完成。做不好,会被老板和同事看笑话的,还是别尝试了。

积极的人则说:这件事做起来是有困难,但再大的困难也有解决的方法,把困难解决了才会有进步,即使暂时解决不了困难,我也能掌握一些实战经验。

因为态度不同,消极的人连尝试的机会都放弃了。

每个人的积极情绪和消极情绪都源自内心,这些情绪主宰着我们的日常行为和行事习惯，当我们能战胜自己时，会把消极的情绪击败，用积极的情绪产生积极的行动，做事情时表现出高度主动性。

有积极情绪的人会有更多的创造性，能带来正面积极的力量。积极情绪能让人感觉良好，同时改变人的思维能力，有效地抑制消极情绪。

心理学家艾沃尔指出，情绪的创造性与人的精神活动有关，情绪作为精神生活的创造物是可以更新或创新的。运用下面这些方法，可以消化负面情绪，如图 2-1 所示。

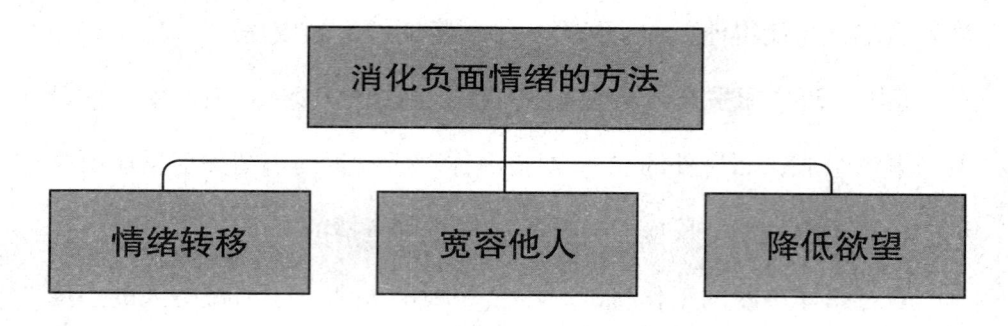

图 2-1　消化负面情绪的方法

1. 情绪转移

当负面情绪来临时，可以先在心中漠视，让自己转移注意力，去做其他事情，诸如看书、听音乐等，或者找朋友倾诉，或者换一个环境，注意力转移的过程中，坏情绪会慢慢消失。

2. 宽容他人

孔子说，"躬自厚，而薄责于人，则远怨矣！"这里的"躬"就是反躬自问，"自厚"并不是对自己厚道，而是对自己要求严格，对他人采取宽容和包容的态度。当你不过多责备别人，就不会用他人的错误惩罚自己了，自然会少了很多不必要的怨恨。

3. 降低欲望

人的烦恼，源于欲望。当心中的贪欲超出自身承受能力时，一旦无法满足，就会出现消极情绪。所以，适当降低心中的欲望，换一种看待事情的角度和方式，多问问自己，生活中是快乐重要，还是高不可及的身外之物重要？列个清单，比较欲望和快乐带给你的后果，会让你对自己有清晰的认识，逐渐远离不良情绪。

02　建立自信，理性分析自己的优势

一个人的自信，来自于他对自己的全面了解和他远大的志向。

马云是一位在商业领域留下深刻印记的传奇人物，他的自信并非与生俱来，而是源于对自身的全面洞悉和高远志向。

在创业之初，马云清晰地认识到自己善于洞察市场趋势、具备强大的领导力和不屈不挠的毅力。他了解自己虽在技术方面并非顶尖，但却拥有能够整合资源、凝聚团队的独特魅力。这种对自身优势和不足的全面把握，让他在面对重重困难和质疑时，依然保持坚定的信念。

马云的创业之路可谓布满荆棘。早期，他四处奔走，向人们阐述电子商务的理念，却被多数人视为骗子和疯子，无数次的融资请求都遭到拒绝。阿里巴巴成立后，也曾面临技术难题、资金短缺、人才流失等一系列问题。竞争对手的挤压、市场的不稳定，都给他带来了巨大的压力。然而，马云并没有退缩，而是迎难而上。

因为马云拥有"改变中国乃至全球商业格局"的远大志向。他梦想通过互联网让天下没有难做的生意，这一志向犹如灯塔，照亮了他前行的道路。即使在互联网尚未普及、电子商务被普遍质疑的年代，马云凭借对自己的了解和宏伟的志向，自信地引领阿里巴巴从一个小

小的创业公司发展成为全球知名的商业巨头。

正是因为马云对自己的全面了解和远大志向，才铸就了他的自信，使他能够在风云变幻的商业世界中乘风破浪，书写属于自己的辉煌篇章。

高尔基说："只有满怀自信的人，才能在任何地方都怀有自信沉浸在生活中，并实现自己的意志。"一个自信的人清楚自己的优势，知道自己将来要做什么事情，并且坚信自己的理想一定能实现。

因为全面了解自己，坚信自己有创造美好未来的能量，所以，自信的人绝不会在困境中磨灭对生活的斗志，不会在身陷逆境时放弃对梦想的追逐。而是用自己强大的意志力，在坎坷中愈挫愈勇。别人看到的是他穷困潦倒的落魄相，他看到的是自己未来驰骋于天地之间的王者形象。

自信的人和骄傲的人最大的区别在于，自信的人因为对自己的特长和实力有深刻的认知，在面对生活的考验时屡败屡战；骄傲的人正好相反，他们对自己一无所知，只是盲目地自以为是。正如梁启超所说，"自信与骄傲有异，自信者常沉着，而骄傲者常浮扬"。

日本的松下公司要招聘10名推销人员，但是报考的却有好几百人。考试是笔试和面试相结合，竞争非常激烈。经过一周的筛选工作，松下公司从这几百人中选择了10名优胜者。

松下公司的创始人松下幸之助审核入选者的名字时，却找不到一个叫神田三郎的人。他记得在面试时，那个侃侃而谈的神田三郎博学多才，善于沟通，谈吐间充满自信，具备优秀推销员的潜质，给他留下了深刻的印象。于是，他立刻让下属去复查考试分数的统计情况。

下属调出神田三郎的综合成绩时才发现，神田三郎的总分名列第二。只是因为计算机突然出了故障，才使得高分的神田三郎没有进入前10名。松下幸之助一向爱惜人才，他立即督促下属赶紧给神田三郎发录用通知书。

第二天，下属难过地向松下幸之助汇报神田三郎的情况。原来，神田三郎因为没有收到公司的录用通知书，无法接受这个打击而自杀了。

松下幸之助听到这个消息一怔，接着他又想起外表看起来充满自信的神田三郎，语重心长地说："自信不是装出来的，没有自信的人，将来很难做大事情。即使我们公司录用了他，他也会因为无法承受工作中的失败而选择放弃的。"

真正自信的人，能够理性地分析自己的优势，即使当下遭遇挫折，他们仍然会再度站起来，总结经验、吸取教训，调整自己的心态，继续迎难而上。只要一息尚存，就要通过发展自己的优势达到目标、实现梦想。

有一个40多岁的中年人，因失业迟迟找不到工作。但他并没有放弃，每天早早出门，到大街上的商店和餐馆去找工作。

现实很残酷，这么长的一条大街，两旁这么多的商店、餐馆，招聘的却很少，好不容易有几家招聘的餐馆，却嫌弃他年龄太大拒绝了；

有的餐馆干脆写着只要 35 岁左右的员工。

直到下午，他才看到一家小餐厅挂着不限年龄的招聘广告。但对方给的薪金少得可怜，可是为了生计，他得赶快抓住这个机会。

他进去应聘时，对方问他对工作有什么要求？他说，只想尽快入职。老板立刻带他进店安排工作。

他在这里的工作是烹制鸡块，他以前没有做过类似的行业，但他对烹饪颇感兴趣。而且这种工作不需要技术，按照老板给的配料把鸡块扔进锅里炸，熟了后就把它捞出来，火候自己掌握，整个过程简单易操作。

对于这份来之不易的工作，他十分珍惜，把每个细节处理得很到位。和他一起工作的三个老员工看他是新人，又老实能干，就联合起来欺负他，所有的活儿都交给他干，他们则在一旁偷懒。

对于同事的刁难，他并不在意，他不怕吃苦，只要能工作，什么活儿都能干。他一个人把制作鸡块的所有程序揽了下来，几个流程后，他很快就掌握了炸鸡块的整个流程。

渐渐地，他发现用这种方法制作的鸡块缺一点香味，更谈不上口感。他向老板提建议，能否通过改善原有的配方提升鸡块的香味，把一些香料或者其他调料放进去。老板哪里肯听一个新员工的意见，警告他不要胡乱改进鸡块的配方，他的工作就是按照店里的配方炸鸡块，做好分内工作即可。

老板的指责并没有让他失去信心，他坚信自己的建议是站在顾客

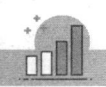

的角度提出来的。他决定在工作中进行尝试。

有了这种想法，他就在繁忙的工作中钻研炸鸡块的秘方。他认为鸡块作为食品，顾客会注重色、香、味的。他便利用别人休息的时间在厨房里试验配方，就是在鸡块上加一些香料。

有一天，他无意中把一块加了香料的鸡腿掉进正在加热的油里。他紧张极了，因为店里明文规定：油不能够随便浪费，一旦发现要罚款或者扣掉工资。他赶紧捞出鸡块，又怕浪费，他只能自己吃了，却意外发现鸡块味道鲜美。他惊喜不已，决定继续进行尝试。

经过无数次的研制，他在1932年的6月在肯塔基州推出一种新型的快餐食品——炸鸡。这种食品适应了人们快节奏高效率的生活方式，开张不到一年，店的声誉便传遍了肯塔基州。

他就是肯德基的创始人桑德斯上校。多年后，他在提到这段经历时说："我相信苦难，因为苦难是一种人人敬而远之的味道，但我喜欢将它夹在面包里慢慢品尝。"

诸葛亮说过，恢宏志士之气，不宜妄自菲薄。自信的人，即使面对绝境，依然不会自我怀疑。他们相信，一旦向困难低头，那么未来会面临更大的困难；越是感觉到困难的时候，那是因为你在走上坡路，是锻炼你体力的时刻。你未来能走多远，要看你对自己了解的程度。

我们要让自己自信起来，自信的人才会更有底气，才能坚持到底。培养自信的方法详见图2-2。

```
┌─────────────┐   ┌─────────────┐   ┌─────────────┐
│ 分析自己的优势 │──▶│  始终向前看  │──▶│ 学会正向思考 │
└─────────────┘   └─────────────┘   └─────────────┘
```

图 2-2 培养自信的方法

1. 分析自己的优势

正如"世上没有十全十美的人"一样，世上也没有一无是处的人。每个人都有缺点，也有属于自己的优势。优势不是特长，是相比于你自己的一些突出的才能。比如，你有强壮的身体，可以选择做体力方面的工作；你口才好，可以去做业务；你行动力强，可以去做你感兴趣的行业等。除此之外，还表现在性格方面，性格外向可以做宣传方面的工作；性格内向，去做技术方面的工作……总之，根据自己的优势确立人生目标，能让你在遭遇挫折时不放弃，坚信"天生我材必有用"，在你擅长的领域脱颖而出。

2. 始终向前看

人生像旅程，我们都在自己命运的轨道上前行。有时是一马平川的宽阔柏油路，有时是坎坷的泥泞路，有时是晴空万里，有时是风霜雨雪，有时山穷水尽，有时柳暗花明……这漫长的一生中，既有让你觉得撕心裂肺的苦难，也有让你幸福快乐的时刻。所以，无论当下多么艰难，都要在心中告诉自己：一切都会过去，只有坚持向前走，未来才会有无限可能。

3. 学会正向思考

建立自我信念，可以帮助我们更好地追求自己的梦想和目标，同时也能够增强我们的自信心。可以通过寻找榜样、与成功人士交流、自我激励等方式来培养自我信念。

保持正向思考，要从平时的起心动念做起，首先练习说积极的话，凡事往积极方面去想。怀有一颗平常心，专注、认真、负责、竭尽全力地去做事情，无论事情的结果如何，都坦然接受。事情做好了，总结经验，力求下次做得更好；事情做得欠缺，从中寻找原因，吸取教训，让自己得到成长；做事情失败了，冷静地分析失败的原因，找到自身的问题加以改正，为下次做事情设立小目标。通过做事情不断地完善自己，获得成长，信心也会不断地增强。

03　慎独精神，在孤独中练就强大心理

说到"慎独"，《礼记·大学》中有一句话："诚于中，形于外，故君子必慎其独也。" 真诚是不能伪装的，一个人内心是否真诚，会在不经意间显露在外表上。所以，君子在独处的时候一定要小心谨慎。通俗地讲，慎独就是当我们独处时，用自己的"心"来监督自己，这样才能在人前人后做到心口如一、言行一致。

"杂交水稻之父"袁隆平的一生都在为解决全球粮食问题而不懈努力，在他的科研之路上，"慎独"的精神始终贯穿其中。

袁隆平在稻田中默默耕耘，无论是否有他人关注，他都全身心地投入到杂交水稻的研究中。当他独自面对试验田中的一株株水稻时，用自己的心来监督自己，以严谨的科学态度和无限的热情，精心地呵护着每一株稻苗。

从20多岁开始，袁隆平就开始研究杂交水稻，在长达几十年的岁月里，他都坚定地表达着要让所有人远离饥饿的信念。他说到做到，从未因困难和挫折而动摇自己的决心。在研究过程中，面临诸多质疑和挑战，他不畏惧、不退缩，始终言行一致地朝着目标前进。

无论是在简陋的实验室里，还是在广袤的稻田中，袁隆平都小心

谨慎地对待每一个实验数据、每一次种植尝试。他独自一人思考着杂交水稻的培育方案，不断探索创新，最终成功培育出高产的杂交水稻，为全球粮食安全作出了巨大贡献。

可以说，袁隆平以慎独的精神，用自己的一生书写了为农业科研献身的壮丽篇章。

古希腊哲学家德谟克利特说："要留心，即使当你独自一人时，也不要说坏话或做坏事，而要学得在你自己面前比在别人面前更加知道羞耻。"

当一个人在没有他人监视时，仍能规范自己的言行，做到表里一致，严守做人本分，不违背良心做事，既不自欺也不欺人时，其做人的修养就达到了一个最高的境界。正如《中庸》所说，"莫见乎隐，莫显乎微，故君子慎其独也"。

慎独，让平凡的我们因为严格的自我约束而变得独特而出色；慎独，能把我们身上的闪光点全部激发出来，这些闪耀的光，利国利民更利己。高级的慎独，是成大事者必备的精神品质。

蹇叔是春秋时期著名的政治家和军事家，他70多岁时在好友百里奚的力荐下来到秦国，一颗赤胆忠心辅佐秦穆公成为"春秋五霸"之一。蹇叔一生的贡献数不胜数，但令后世称颂的是他"隐居以求其志，行义已达其道"的独处精神。

赫胥黎说过，越伟大、越有独创精神的人越喜欢孤独。蹇叔从年少时就阅尽诗书，通晓外交辞令，心怀治国抱负。因时运不到，他便远离闹市，隐居乡间，一边教育子女，一边辛勤躬耕于田间。在琐碎的家事农事之余，他仍然关注当下时事，或是分析各诸侯国的形势，或是安静地研读古书、感悟古人的家国情怀。

正是独处时修炼的这种安于平凡却不忘大志的心态，让蹇叔对自己的未来有清晰的定位：遇到明主，年龄再大也要一展治国安邦的才华，让百姓受益；时机未到时，潜心学习、教好儿孙，把家治理好，与乡邻和睦相处。

正是在独处时的慎独精神，蹇叔不但能审视自己的内心，也让他学会了精准识人。于茫茫人海中，于芸芸众生中，于村野的尘嚣里，虽然百里奚蓬头垢面，蹇叔仍然能从那一群衣衫褴褛的流浪汉中，一眼就看到百里奚的与众不同。

或许是多年如一日独处慎己，或许是彼此忧国忧民的相同气质，让他对相识于乡间路上的陌路人，因为共同的志向而成为惺惺相惜的知己。

他们白天下地劳作维持生计，夜间谈论国家大事。为了帮助百里奚实现治国大志，蹇叔为他出谋划策，四处托朋友给百里奚介绍工作，真正地做到了急朋友所急，想朋友所想。他用一颗真诚的心换来了真诚的朋友，在百里奚遇到秦穆公后，第一时间荐举了同样有治国才华的蹇叔。

蹇叔表里如一，无论是在家躬耕于农田，还是在朝廷之上辅助秦穆公，他真正做到了"穷则独善其身，达则兼济天下"。

念念不忘，必有回响。骞叔从怀有一腔报国的热血少年到70多岁已是儿孙满堂时出仕，这中间经历了60多年的等待，若非坚守慎独之心，是很难熬得过如此漫长的岁月的。

法国哲学家和思想家狄德罗说过，"忍受孤寂或许比忍受贫困需要更大的毅力，贫困可能会降低人的身价，但是孤寂却可能败坏人的性格"。无法忍受孤独的人，会选择与人"同醉"。修炼慎独精神，需要具备强大的心理素质。

世间大部分人喜好繁华、享受被人瞩目的感觉，但这需要伪装自己的真性情来讨好他人，因为擅长"表演"的人会让自己变得"完美"，才能吸引更多的人欢迎和追捧。慎独则是把真实和美好留给自己的良心观看。你做得再好、再优秀，也没有人为你喝彩；你才华再高，也无人欣赏……但是这并不妨碍他们高标准地要求自己，仍然会持续地按照最高的自我标准修正自己，并保持每天都有进步。

人终究是要孤独地走完这一生的，生活是给自己看的，你如果难以接受独处时的自己，不能在独处时独善其身，那么就很难自由地掌控自己，也无法拥有属于自己的美好未来。

我有个独居多年的朋友，他有次看家里的监控，终于找到了自己虚度时光的原因。

半年前，他想着通过学习专业知识提升工作能力，就报名参加了专业课的考试。为了考试顺利通过，他买来很多复习书，又在网上收藏了视频跟着学习。特意制订了每天的计划、每周的计划、每月的计划。结果，半年过去了，他买的复习书还没有看几页。眼看着再有几个月就考试了，心中十分焦急。

他算了一下，半年时间有100多天，除了周一到周五上班，其余时间自己都干什么了？监控告诉他：他每天早上踩着点起床上班，下班后点外卖，吃过饭后，躺在沙发上刷手机，困了洗澡，上床后再刷手机。

周末则是坐在电脑前玩游戏到凌晨才睡觉，睡醒后已经中午了，饿了点个外卖，饭后躺在沙发上刷手机，晚上又坐在电脑前玩游戏……周而复始的日子像一个圆圈，把他牢牢地圈住了。

慎独，是心灵的守护者，最能考验一个人的心性。因为人是群居动物，需要合作来完成一件事情；在做事过程中，大家要做到相互监督、共同进步。一旦一个人独处时，没有人关注你、督促你时，你的处事风格，才是你发自内心的自觉行为。

所以，不管有没有人看见自己，不管身处多么恶劣的处境，仍然严加管束自己，按照既定计划，做自己该做的事情；遇事宠辱不惊、淡然自若。用内心的良知打败后天沾染的坏习气，做到出淤泥而不染，才能依据真实的内心来主宰自己的言行，遵守社会规则，成为自己的王，如图2-3所示。

```
┌──────────────┐                    ┌──────────┐
│在孤独中净化心灵│────┐        ┌────│ 坚定的信念 │
└──────────────┘    │        │    └──────────┘
              ╭─────────────────╮
              │ 内心强大的训练方法 │
              ╰─────────────────╯
┌──────────────┐    │        │    ┌──────────────┐
│拥有独立的思想 │────┘        └────│ 扩大自己的格局 │
└──────────────┘                  └──────────────┘
```

图 2-3　内心强大的训练方法

1. 在孤独中净化心灵

有位智者说，任何一颗心灵的成熟，都必须经过寂寞的洗礼和孤独的磨炼。心灵的成长，就像秋天的果实要经历自然界的风吹雨打一样，需要经受各种挫折。孤独最能考验人的品性，鲁迅说："猛兽总是独行，牛羊才成群结队。"只有在孤独时，我们才有时间坦诚地裸露出内心、审视内心，真正地了解自己、认识自己，知道自己此生所求。特别是当一个人处在人生低谷，诸事不顺，无人问津时，这时的独处会让你重新评估自己，悟出生活的真正意义，获得灵魂的升华和精神的独立。

2. 拥有独立的思想

健康成熟的心理，是情绪稳定的基础。情绪稳定的人自我控制能力强、拥有自己的主见和独到的见识等，这样才能形成自己独立的思想，让心灵有力量，不会人云亦云，不会轻易让人"洗脑"，一旦认定做一件事情，就会专注去做，无惧他人说的风凉话，任何诋毁都伤害不了你，绝不会出现中途放弃的情况，哪怕过程中遇到再大的困难和挫折，也会排除万难、负重前行，不达目的不罢休。他们坚信自己的困难只有自己解决，才能掌控自己的人生。

3. 坚定的信念

王阳明说："让心有个主宰，人生方才安稳。"世间之事，无论大小，都有不同程度的困难和风险。我们要明白做任何事情，都要经得住生活的压力、外界的干扰。在压力和干扰面前，我们的屈服就变成了阻力。而信念的力量是无穷无尽的，因为信念是一种意志，是一种心态，坚定的信念会让我们选择主动突围，激励我们砥砺前行。

4. 扩大自己的格局

格局指人的胸怀与视野。当一个人怀有远大志向时，他的格局也会变大。这样的人心胸开阔、眼界高远，他们的思维和智慧就像站在高处的人，能把未来的美好蓝图尽收眼底，因为他们的关注点是高山和大海，所以，他们不会纠结于当下的困境，而是积极地克服生活中出现的各种挑战和困难。

04　面对困境，在绝望中保持清醒

"塞翁失马，焉知非福。"世界上任何事情都是相互转变的，坏事在一定条件下可以变成好事，好事在一定条件下又会转变成坏事。这是"物极必反"的自然规律，也是我们战胜自己、获得成长的最好方式。

一个人未来能有多大成就，能走多远，就看他遭遇困境时的应对能力。

华罗庚是我国现代数学之父，也是享誉数学界的泰斗。他在数学方面作出了巨大的贡献，在他70多年的人生经历中，曾经不止一次地面对困境，在一次次打击之下又从绝望中找到了希望。

早在幼年时期，华罗庚就酷爱数学，又爱动脑筋，经常因为专注于思考问题被小伙伴取笑，称他是"书呆子"。上学后，专注思考却成为他的劣势，因为他经常在课堂上提一些"古怪"的数学题，令老师反感。没有人引导，他就在课上课下专注思考令他困惑的问题，从而耽误了课程，导致他的数学成绩很差，上初中后，他的数学需要参加多次补考才能及格。

学业上的坎坷非但没有让他产生厌学情绪，反而激励他更加勤奋地学习，特别是对数学的偏爱，让他经常因做题而忘记吃饭睡觉。不久，他的班主任王维克老师发现了华罗庚的数学才能，针对他的情况进行"因材施教"，使得他的学习成绩突飞猛进，成绩位居全班第二名。

就在华罗庚对未来满怀信心时，因家庭贫寒，父母年纪又大了，实在无钱支撑他继续上学了，他被迫中途退学，帮助父亲打理杂货铺来养家糊口。

对于爱学习的华罗庚来说，刚离开学校时，他感到学业之路进入困境，经过短暂的绝望后，他很快就冷静下来。学习是自己的事情，并非一定要去学校才能完成学业，在家一样可以自学。

华罗庚先是向好朋友借来高中数学课本，利用业余时间刻苦钻研。5年后，他不但把高中课本学完了，还学习了大学低年级的全部数学课程。这期间，他又经历了疾病的困扰，因染上伤寒病导致左腿终身残疾，只能借助手杖走路。

命运的接连打击，让华罗庚变得异常坚强和清醒，往后余生，再苦再难，都阻挡不住他在数学领域做出一番成就。他一边继续刻苦自学，一边做工维持家人的生计。在他的不断努力下，终于迎来转机，有一所中学向他发出聘书，请他做庶务员。

与此同时，他多年坚持对数学的研究也有了成果，全国多家权威杂志刊登了他的论文。之后，他就像用4年时间扎根的竹子那样开始厚积薄发，1930年，华罗庚的一篇关于解析数学的文章轰动了数学界，他的才华逐渐被外界认可。

清华大学破格聘请他担任图书馆馆员。工作期间，他在数学领域的研究成果越来越突出，事业达到了顶峰，成为蜚声中外的杰出科学家。

就在他醉心于钟爱的数学事业时，他在工作中遭受到他人的偏见和排挤。此时的华罗庚已经把世俗之事看淡了，他带领学生在数学王国里遨游。哪怕是他身患重病昏迷多日，醒来第一件事情就是工作。直到离世前，他还告诫自己："发白才知智叟呆，埋头苦干向未来，勤能补拙是良剂，一分辛苦一分才。"

华罗庚在母校演讲时，曾经用一篇《在困境中更要发愤求进》的文章，激励大家要"闯出自己的一番天地"，这样才能"无愧于自己的高中生活，更无悔于自己的年华"。

孟子说："人之有德慧术知者，恒存乎疢疾。独孤臣孽子，其操心也危，其虑患也深，故达。"从古至今，很多贤人、名人、伟人等成大事者，都要历经坎坷。虽然身陷囹圄，长期处于紧张压抑的困境中，但他们却能用"胜似闲庭信步"的态度来应对。在经历困境的磨砺，尝遍人生疾苦后，他们从忧患的经历中历练其心性、磨其心志，最终激发其智慧，为人类的发展作出了巨大的贡献。

追求名利的繁荣、向往富贵的奢华、仰望权势的名望、为他人锦上添花等，是人之本性，正因如此，人们更害怕落难、落魄时遭受到的困境。在这个时候，热闹的人群排斥你，幸运之神遗弃你，四周都是看你不顺眼而远离你的人，其中也不乏落井下石的小人。此时此刻，

Chapter2　心理素质：拥有王者的境界

从表面上看，你无论从哪个方向突围，都没有出路。但是，只要你在"四面楚歌"的排斥圈里保持清醒的头脑，就会有一条光明的大道等你突围。

巴尔扎克说："世界上的事情永远不是绝对的，结果因人而异，苦难对于天才来说是一块垫脚石，对于能干的人是一笔财富，对于弱者是一个万丈深渊。"面对困境，一定要把精力集中在解决眼前的问题上，在你的世界里，你是主角，是主人。所谓困境，是看不见、摸不到的，你可以选择无视，想方设法地朝着自己前行的方向突围。不管努力的结果如何，不要放弃。只要有所行动，事情就会有转机。

由于每个人所面对的困境不同，对待困境的态度也不一样。我们要学会用自己的方式去突围，才能让自己的成功独一无二。

为什么要在困境中保持清醒？因为当困境出现时，说明你未来要做的事情，比当下要做的事情难度将会增加、更有挑战性，你必须成长，才能在未来承担更大的责任。成长是自己的事情，亲朋好友想帮也帮不了你。即使帮你解决一时，未来漫长的人生路程中，你依然要面临新的困境。

如果你不想成长，或是想逃避，很简单，放弃就可以，那么你从此也会和机遇绝缘了。但如果你想要继续向前行，想要有更好的收获，你就要保持清醒的头脑，寻找突破困境的办法。

困境带给我们的改变就是，它让我们不断地寻找改变现状的方法，在解决问题的过程中快速成长。

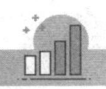

没有人想经历困境，更害怕面对绝望。但生活不是一成不变的，每个人的人生轨迹千变万化，面对来自自己人生路上的各种阻力，要学会用自己的方式去化解。

在逆境中，我们只有不断地坚持和奋斗，通过成长壮大自己。为以后做事情积累丰富的经验。逆境也往往最考验人的奋斗精神，越是在逆境中，越是能激发出人们的潜能。当你走出逆境，逆境中积累的经验会化作你人生中最宝贵的财富。

顺境让人安乐，困境使人觉醒。摆脱困境最好的办法是变得勤劳，即"多动脑、多动心思、多行动"。趁着青春好年华，好好经历，好好争取，好好成长。只有全身心投入地去做一件事，才能超越自己。这就是人们所说的"台上十分钟，台下十年功"。别只看到他人镁光灯下的风光，那是因为他们在台下熬过了枯燥的训练，经历了孤寂、隐忍、坚持，才有了台上的"风光"。

所以，面对困境，可以采取以下行动，如图2-4所示。

揭开困境的面纱 → 通过学习突围 → 善于借外力 → "破釜沉舟"的勇气

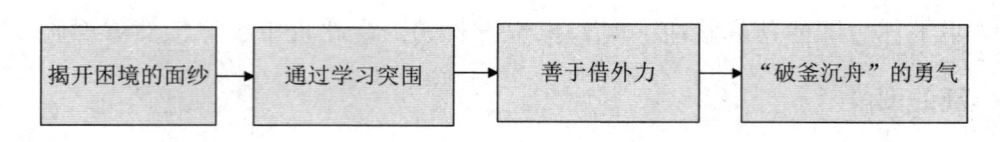

图2-4 面对困境采取的行动力

1. 揭开困境的面纱

困境就像是流动的河水遇到阻力，疏通的方法就是清理掉障碍物。

先认真分析造成困境的根源，通过深入了解后寻找解决方案。并对解决的方案制订行动计划，勇于行动，密切跟进，实施过程中只要出现不利的情况就赶快调整，慢慢脱离困境。

2. 通过学习突围

在实践中的学习让我们进步最快，尤其是遇到困难时，因为一门心思想要解决问题，这时候旁人的一句话、书中的指导步骤，以及对此次失败的总结经验，都能深刻地影响到你，让你领悟后能充分地发挥自己的潜能，快速投入到行动中，有助于你更快地脱离困境。

3. 善于借外力

身处困境之地的我们就像跌落山谷的人，这时如果有人能伸出手拉自己一把，就有可能摆脱困境。所以，我们要随机应变，善于巧借外界的一切力量，不管是朋友还是陌生人，只要是能帮助我们摆脱困境的助力，都可以拿来用。

4."破釜沉舟"的勇气

处于困境之地时要保持清醒，谨记"留得青山在，不怕没柴烧"。有时候，困住我们的往往是自己的拘谨和保守。所以，在维护生命的基础上,利用破釜沉舟的勇气和魄力去突围，大不了一切再从"0"开始。也许你这一次绝地一搏，机遇就会来临，赢得柳暗花明。退一步来想，即使不能反转，也能多少收获一些经验。

05　转移焦点，换一种角度看压力

现代社会竞争激烈，导致很多人面临生存压力。一般来说，一个人的压力分为内在压力和外在压力，如图2-5所示。

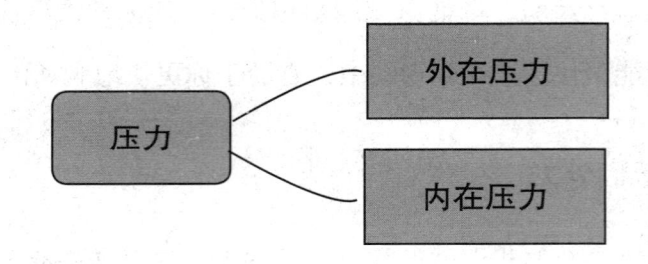

图 2-5　内在压力和外在压力

内在压力

内在压力是由于自身因素造成的，比如，疾病、情绪、嫉贤妒能、自卑心理、对他人不满，以及养家糊口的经济压力等，内在压力大部分是由自身原因造成的。如果不处理好内在压力，会转化成身体疾病，给自己的身心带来很大的伤害。

外在压力

外在压力主要是生活和工作的环境造成的，比如，繁忙的工作、紧张的学业等。外在压力大部分和外部因素有关，是在他人施压下造成的。当外在压力过大时，就会转化成内在压力，影响心情，导致身体出现问题。

无论是内在压力，还是外在压力，都需要妥善处理，这样才能让自己更好地工作和生活。

歌德说："流水在碰到抵触的地方，才把它的活力解放。"一个人只有具备坚强的意志、奋发向上的力量、永不放弃的精神，才不会被内在、外界压力压倒。当我们拥有钢铁一样的意志时，就能变压力为动力。压力并不可怕，只要我们无视它，或是转移压力的焦点，压力就会成为我们强大的助推力。

美国有一位穷困潦倒的年轻人喜欢上了演戏。他在忍饥挨饿的情况下写了一部又一部振奋人心的剧本，当他满怀希望地寄给电影公司时，却没有得到任何回应。

日子一天天过去，生活的困顿，看不到希望的事业，让他每天处于巨大的压力之下。但是他告诉自己，如果因为压力就放弃做喜欢的事情，那是懦夫做的选择，自己写的这些剧本连自己都拯救不了，何来感动观众，剧本写得再好也没有什么意义。

他决定换一种方式实现演戏的梦想。反正都是压力，不如接受更大的压力。于是，他把眼光瞄准了门槛更高的好莱坞。他对好莱坞500家电影公司的剧本进行研究后，为自己认真划定了演戏路线，又把适合自己戏路的电影公司的名单进行排列，带着改了一遍遍的剧本一家又一家地去拜访电影公司。

遗憾的是，500家电影公司的负责人对没有名气的他连看都不看一眼，更别说看他手里的剧本了。

对于一次又一次的拒绝，他有过短暂的失望，也有过对未来生存压力的困扰。不过，他很快就调整好了心态，觉得不做好眼前的事情，何谈未来。他把压力的焦点转移到修改剧本上面，巧妙地把500次拒绝的压力转化为认真地打磨剧本。

等他认为剧本已经改得"无可挑剔"时，他开始了对电影公司的第二轮拜访。得到的依然是500次的拒绝。此时，他反而没有了压力，而是跟自己较上了劲："他们的拒绝不代表我的剧本不好，因为他们连看都不看。我要做的其实很简单，就是如何让电影公司的负责人能看一眼这个剧本。我相信这500家电影公司中，总有'慧眼识珠'的老板。"

有了这样的决心，他对三轮失败不屑一顾。

卡耐基说："我们若已接受最坏的，就再没有什么损失。"在进行不知道第几轮拜访时，他在拜访完第349家后，第350家电影公司的老板突然答应看看他的剧本，并说看完后回复他。

几天后，这家公司答应开拍他的剧本，在商谈合作细节时，对方再次被他的执着所打动，就请他担任他所写的剧本中的男主角。

他的实力就这样让他在压力中爆发了，他就是席维斯·史泰龙。他拍的这部电影叫《洛奇》。电影上映后，他一度成为美国人心中的精神支柱。该片成为一部经典的旷世巨作，史泰龙也成为世界级影星。

在这个世界上，每个人都有不同程度的压力，只是因为每个人面对压力时持有的不同态度，才造成了人们不同的命运。罗斯福说，外在压力增加时，就应该增强内在的动力。有很多在事业中做出成就的人，都是在压力中修炼出的强大心理素质。

心理强大的人，首先打败的是自己的内在压力，哪怕是面对威胁生命安全的病魔，他们一样回击过去。

史蒂芬·霍金是著名的物理学家，也是20世纪享有国际盛誉的伟人之一。他出生于英国的牛津，在很小的时候，他就对物理学和天文学感兴趣。在牛津大学攻读期间，21岁的他得了绝症，医生说，他最多再活2年，23岁就会离开这个世界。但他靠着坚强的毅力与病魔做斗争，在学习和工作中取得了很大的成就。几年后，随着病情的加重，他的双腿已经不能走路，只能长期禁锢在轮椅上。

43岁时，他再次遭受到病魔的侵袭，因为身患肺炎要做穿气管手术，从此他连说话的能力都没有了，演讲和问答只能通过语音合成器来完成。

"一个人如果身体有了残疾，绝不能让心灵也有残疾。"这是霍金的名言。多年来，他用这句话激励自己，最终实现了他的事业梦想：他一边忍受病痛折磨身体，一边在研究领域不断突破，取得了一个又一个成就。与此同时，他还写了多部经典著作，畅销全球。他顽强的生命力向我们展示了惊人的心灵的力量，原来，相比于身体的力量，心灵的力量更为有力。

凭借着强大的心理素质，霍金在嘴不能讲话、身体不能动的情况下，用一颗不惧任何压力的心灵力量完成了他要做的事情。这种顽强的精神，是成就他事业的基础。霍金于2018年去世，享年76岁，比医生的科学诊断多活了53年。

霍金生前说过，生活是不公平的，不管你的境遇如何，你只能全力以赴。压力对于我们的打击，有两种结果，一是打倒我们，二是成就我们。只要我们的心足够坚定，压力就是一种鞭策，是另一种形式的成全。

压力能磨炼我们的意志力。只有在逆境中，我们才能真正考验自己的意志力和决心。面对困难时，我们需要坚持不懈地努力，不断超越自我。这种不屈不挠的精神，使我们能够战胜压力。

爱默生说：每一种挫折或不利的突变，是带着同样或较大的有利的种子。人的才能不是天生的，是靠坚持不懈地努力和勤奋换来的。

美国职业篮球运动员詹姆斯的篮球智商极高，他在多年的篮球生涯中，以出色的传球技术著称，人们称他是NBA有史以来最为全能的球员之一。因为被球迷和NBA寄予了很高的期望，詹姆斯承受着很大的压力。而他缓解压力的方式就是换一种角度看压力。为此，他说虽然总是有人给我制造很多压力，但我不给自己制造压力。我觉得只要我开始打比赛，它们（压力）就会自生自灭。

压力再大，只要转移焦点，我们既不会被外界压力压垮，也不会被内在压力击倒。

台风过后，有一个年轻人看到街头到处都是残垣断壁，一地狼藉。只有一棵大树没受到很大的损坏，他问旁边的一位智者："为什么这棵大树没事？"

智者回答："那是因为这棵大树在成长过程中，已经接受过比台风更严厉的考验了。"

当你的抗压能力强大到能抵抗命运中如台风般的困难时，任何压力都伤害不了你。压力再大，也大不过强大的内心世界。改变心态，压力就淹没在宽阔的心海中了。

大仲马说，开发人类智力的矿藏是少不了需要由患难来促成的。要使火药发火就需要压力。面对压力，我们可以试着换一个角度来应对，才能进一步缓解压力，消除怀疑、畏惧、想放弃的消极心理。

化解压力，需要结合个人的实际情况来采取不同的方法。把注意力转移到寻找适合自己解脱的方法，才能更有效地减轻压力，提高生活品质，如图2-6所示。

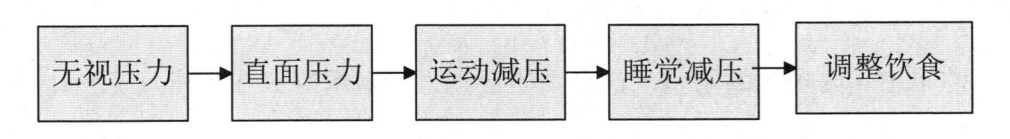

无视压力 → 直面压力 → 运动减压 → 睡觉减压 → 调整饮食

图2-6 应对压力的方法

1. 无视压力

压力就像弹簧，你强它就弱。面对压力，最简单直接的方式就是无视压力。生活原本是轻松的，工作作为谋生的手段，其实也是为了服务我们的生活。所以，面对来自工作中的压力，依据自身实力去解决。实在无法解决，也不必强求，顺其自然即可。压力大到让你喘不过气来的时候，就按下生活的暂停键，适当地放松一下，找家人和朋友聊聊天，或者读一本喜欢的书、学习新技能等，通过转移压力的焦点，让身心得到放松的同时，也能体验到生活的乐趣。

2. 直面压力

直面压力，就像我们在战场上跟敌人正面交锋，胜利的是主动出击的勇者。在面对压力时，我们需要接受事实和现实，并寻找适应的方法，以便更好地处理和解决问题。适时地应对压力，来逐步缓解造成的心理负担，能够做到自我减压，从而回归正常的生活轨道。

3. 运动减压

运动健身是天然有益的减压方法之一，人在运动时大脑会释放一种叫 β-内啡肽的物质，这种物质会把人的情绪凝聚在兴奋点上，让人心情愉悦。与此同时，运动有助于消耗压力，带来的肾上腺素会让人的压力瞬间消失。压力过大时，不妨在舒缓的音乐中练瑜伽、在户外跑步，或者做一些喜欢的运动等，让身体动起来，能释放紧张的情绪，增强身体免疫力，改善心情，缓解压力。

4. 睡觉减压

有科学研究显示，充足的睡眠能让我们有效地应对压力。压力过大时，多注意睡眠情况，保证每天 8 个小时的睡眠。睡前清空头脑里的所思所想，洗一个温水澡，更有助于入睡。

5. 调整饮食

健康的饮食习惯能帮助我们更好地应对压力，平时多吃蔬菜、鸡蛋、水果、全谷类食品、鱼类、坚果等有益于身体健康的食物，或者适当地吃一些巧克力、糕点等甜食，但是要避免摄入过多的咖啡因和高脂肪食品等。

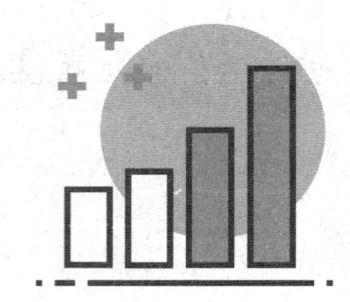

Chapter 3

提升认知：拓宽你的知识领域

01 终身学习，点燃生命中的爆发力

法国作家狄德罗说过，不读书的人，思想就会停止。年轻人的朝气蓬勃源自奋发有为、积极向上、孜孜不倦的学习精神。当一个人不断探索前行、不断追求真理时，就会焕发出青春的活力。

学习让我们明白许多道理，从而更热爱生活；学习让我们掌握生存的技能，提高生活质量；学习增长见识，让我们一天天进步；学习激发内在潜力，让我们成就更好的自己。

一个执著于学习的人，因为在不断接受和发现新事物，他会通过自我激发补充能量来帮助他解惑。当他持续地为自己输入新知识时，他的精神世界会更加富足，看问题的角度更深，心胸宽广，格局变大，对事物的接纳度会更高。

前段时间我去看一个好久不见的企业家前辈，发现他精神矍铄，思路清晰。虽然已经70多岁了，但他在谈到企业规划时，踌躇满志，为公司制定了三年和五年的发展规划。甚至对正在进行的项目，他亲自制订了详细的实施方案和规避风险的措施。

30多年前，他白手创业，在商海中三次浮沉，几乎是九死一生，才使企业渐入正轨。前些年，他把企业交给儿女经营。表面上他处于

退休状态，却是退而不休，企业很多新项目、新创意大多是他提出来的，他一边为企业的发展出谋划策，一边在幕后培养年轻人。

最近，他利用业余时间学习视频剪辑、写书法、研读国学等。他学这些是为了了解各方面的信息，通过跟相同爱好的朋友沟通，让他看到其他领域的客户需求，从而打开眼界，扩大自己的认知，能让他站在更高的层次上看待企业存在的问题。

他很健谈，讲话声音洪亮，分析问题一针见血，提的观点精辟新颖，比年轻人的思维还活跃。

西汉文学家刘向说："少而好学，如日出之阳；壮而好学，如日中之光；老而好学，如秉烛之明。"学习就像登山，每达到一个高度，付出的体力和看到的风景都不一样，登上更高的山时，你的体力、爬山过程中克服困难的经验，将大大地超越初登山的自己。同理，当你的知识递增到一个临界点时，就会在所从事的领域有一次质的飞跃。随着知识体系的不断迭代更新，将点燃你的爆发力，在热爱的行业大有作为。

一个人的知识体系就好像金字塔，坚固的底层支点是源源不断输入的知识壁垒，托着我们向更高的地方飞跃，帮助我们在擅长的领域做出骄人的成绩。正如巴菲特所说，"一个人一生如果想要获得过人的成就，注定与读书和终身学习形影不离"。

"股神"巴菲特在变幻莫测的股市称之为"神"，并且多年来一直让他的投资收益稳定在20%左右，还创下30年翻11倍的投资神话。

巴菲特从20多岁起就保持着每天早起先看书的工作习惯，这些书包括人物传记、历史百科、股票等，每天吃过早饭去办公室还会看报纸、新闻、上市公司的财务报告等。

巴菲特在涉足股票以前，是从事保险业务的。那时候他就喜欢看书，广泛地阅读，让他拥有了格局和胆识，初次在保险公司投资时，他一次性投了9000美元，这可是他攒了多年的全部积蓄。

初次投资试水，就让巴菲特获得了很高的收益，可见，幸运并非偶然，而是建立在大智慧的基础上。他的大智慧，是丰富的知识储备转化来的。此次投资成功，给了他大胆试水股票市场的勇气，同时也让他意识到，多读书不但能生智慧，还能生"财富"。

其实，早在巴菲特从哥伦比亚大学读书时，他就酷爱读财经类的书，并立志像书中那些名人一样，将来也要在金融领域成就一番事业。这个志向让他在求知的路上越走越远，他日常的生活就是永不改变的两点一线：工作—学习，学习—工作。他读书的范围从金融书刊到历史文献，从保险投资到各种人物传记，涉猎广泛。

当读书和股票成为巴菲特最重要的事业时，人们经常在内布拉斯加州府林肯市的图书馆看到他埋头读书的背影，他一边查阅各种保险业的文献及统计资料，一边看股票和其他方面的书，从不同领域的书中撷取他需要的知识来丰富自己。

几十年如一日，他坚持把每天80%的时间用于阅读，所读的书涉猎极广，极大地拓展了他的知识领域。可以说，他的头脑就像知识宝库一样，贮存着各种各样的知识，而他仍然在通过多样化学习源源不断地输入新的知识。在工作中做决策时，他敏捷的头脑像电脑的搜索引擎一样，会自动地把他所需要的知识查出来。

巴菲特对读书的狂热程度，就连他的合伙人查理·芒格都深感震惊，不无佩服地说："我这辈子遇到的来自各行各业的聪明人，没有一个不每天阅读的——没有，一个都没有。而沃伦读书之多，可能会让你感到吃惊，他是一本长了两条腿的书。"

清代顾严武说："一日不进，一日必退。"我们终其一生，都想着通过实现自我价值，实现自己的事业梦想。捷径只有一条，就是每天持续地学习，不断地用新的技能和本领完善自己，跟外界紧密连接在一起，才能拥有处理各种问题的能力。

任何人的成功都离不开坚忍、努力、持续学习。很多有成就的人仍然继续深造，提升学历，沉淀自身，才创造一次又一次的奇迹。马云说："人如果停止了学习，就开始走向失败。"人这一生必须不断地学习不断地成长，才能够让生活有意义。这就是古人说的"活到老学到老"。

日常生活中，我们可以通过多种方式进行学习，如图3-1所示。

```
多与人进行交流    专业领域的深造    广泛阅读扩充知识
              ↓
        日常学习的三种方式
```

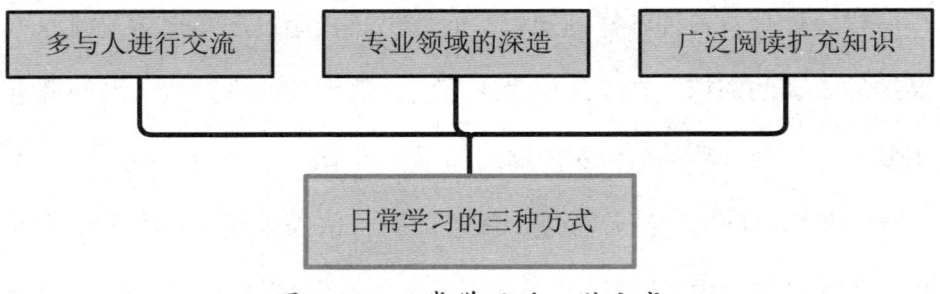

图 3-1　日常学习的三种方式

1. 多与人进行交流

古话说，"刀不磨要生锈，人不学要落后。"我们要时刻保持学习的意识，通过一切渠道学习，而与人交谈是成长最快的学习方式。古人说，三人行，必有我师焉。每个人身上都有值得我们学习的地方，在和不同的人交谈和沟通时，要善于发现对方身上的闪光点并且虚心地学习。

2. 专业领域的深造

专业领域分为两种：一种是学校所选的专业技术的知识，另一种是参加工作后选择的专业能力提升。这里提到的"专业领域"是指第二种，由于工作体现的是综合性能力，但专业是工作的基础。没有扎实的专业知识，是很难在职场上立足的，这就需要我们在工作中一边实践一边要继续学习，包括向同事学习，向同行中的高手请教，向领导求教等，除此之外，还要多看与工作相关的专业书，以及网络平台上提供的相关信息等,以此加强对专业知识的学习和理解。

3. 广泛阅读扩充知识

学历和文化的差别在于,前者是代表一个人一个阶段的学习成果,后者则是通过终身学习来修身养性。广泛阅读,是获取各种领域的知识和信息最便捷的途径,能让我们开阔视野,提升格局;广泛的阅读,让我们穿越时空,汲取古今中外的智者智慧,进行自己的知识储备;广泛的阅读,是多种知识碰撞产生的智慧,补充我们处理事情的不足之处,提升解决问题的能力;多读书还能引发我们的思考,发现自己的缺点和不足,不断地改正错误,进行自我完善。

这个世界很大,我们很难做到走遍世界上所有的国家,但是可以通过广泛读书,了解世界各地的风土人情,增长自己的见识,提高自己的知识底蕴、丰富自己内在的修养。

02　学中生智，知识开拓财富之路

孔子说过，学也，禄在其中矣。通过不断地学习文化知识，再把知识活学活用于实践中，能让我们获得取之不尽的"俸禄"。

"知识"就像无所不能的宝物，能够把每个人身上的"宝藏"挖出来。如何让这些有价值的"宝藏"为自己、为社会所用，取决于我们对所学知识的领悟程度和运用能力。

"知识"的价值，是让学习者懂得举一反三，从而灵活地转换成各种生存的"武器"，帮助我们在人生之路上披荆斩棘，高效率地做一些有意义的事情。当人们在所从事的行业取得成就或成功时，得到的回报不管是物质的奖励还是荣誉的嘉奖，都是知识转化给我们的"财富"。

人类社会中，知识赋予人们成功的最高境界，是要让成功的果子辐射四方，造福于社会大众。

波斯古典文学的始祖鲁达基说："知识是抵御一切灾祸的盾牌。"知识的神奇之处在于，在一个人成功之前，知识是一个执著的陪伴者。面对命运无情的暴击，我们可以通过独处时的静读、默想为自己注入精神力量。此时此刻，知识化作保护神，守护着我们的生命安全，让我们摒弃轻生的念头，用坚强的人生信念积蓄东山再起的力量。

华为创始人任正非堪称商界传奇人物，当年他因为一时疏忽大意，在工作中遭遇商业欺诈，被人骗去一笔200多万的货款。此次失误，不但让他丢了国企的工作，还背上了巨额外债。

为了帮助公司追回货款，任正非开始苦读法律类的书籍，用现学现用的法律知识为公司追回了一部分货款；华为在发展初期和中期多次濒临危机，一直没有放弃学习的任正非看了很多企业经营和股权类的书籍，结合公司实际情况加以改革……有很多人可能比任正非读的书还要多，但是很难有任正非的成就。最主要的原因是任正非早年期间获取了扎实的知识底蕴，后来的阅读，是让他在深厚知识的基础上触类旁通，使他很快能通过所学知识解决当前的问题。

英国的哲学家洛克说过，任何人的知识不可能超过他自己的经验。华为在发展过程中多次经历困境，但每次都能在遭受重创时绝地突围，就是因为创始人任正非拥有丰富的知识底蕴、多年积累的阅历和实战经验造就出他强大的心理素质，赋予了他独特的商业大智慧。

任正非的父母都是教师，父亲是一位嗜书如命、心有大爱的教育者。任正非很小的时候，父亲就给他灌输知识对每个人的重要性：

知识改变命运，知识给人力量。

等自己有了能力，去帮助周围的人。

天资聪颖的任正非在家庭的熏陶和父亲的影响下，他从小就养成了勤奋读书、刻苦好学的习惯，饿一天肚子没关系，不能一天没有书读。

陶行知说过，智慧是生成的，知识是学来的。经过多年的苦学，任正非在19岁那年考上了重庆建筑工程学院。

由于时代的原因，任正非看到全班同学无心上课，热衷于各种运动，他的心有过动摇。父亲知道后，严肃地对他说："学而优则仕，这可是几千年证明了的真理，知识就是力量，读书学习是自己的事情，你不要管别人，好好学习文化知识，将来有能力了才能帮助家人和他人。"

任正非牢牢铭记父亲的话，对读书的执着，成为他大学生活中不可缺少的一部分。在学校里，任正非成为学校唯一的"孤学者"，他不但把专业科目电子计算机、数字技术、自动控制等课程自学完，还认真地把高等数学习题集做了两遍，同时学习了逻辑、哲学等科目，又自学了三门外语。

正是这段"两耳不闻窗外事"的学习经历，让任正非在毕业后的工作中不断创造佳绩，并且还作为青年代表参加过全国科学大会，为任正非未来追求更高的事业奠定了基础：他在面对来自生活和事业的低谷时选择勇敢自救、迎来转机，他一手创建的华为在发展过程中虽然九死一生，但他依然能带领员工迎难而上、逆袭破局。

多年如一日地坚持学习，让任正非悟出，人生离不开学习。无论是在事业的低谷期，还是华为发展的稳定期，读书、学习已经成为任正非的习惯，甚至于出差时，他的皮箱里带的也是书，这些书包括政治、军事、经济、社会、人文、中外历史等，可谓是博览群书。

古语有云："人不患无才，识进则才进，人不患无量，见大则量大。"一个人，只要肯踏踏实实、持之以恒地学习，你的身价会随着你对知识的掌握和运用的程度而持续地提升。

知识是一个人立足社会的资本，是我们创造财富的工具。在知识爆炸的商业时代，读书学习最终是要变成一种财富加以体现出来。知识本身或许不能让你发家致富，但是通过你对知识的领悟、对知识的运用，知识就能在你巧妙的运用下转化为财富。世界上各个领域的人才，都是在深刻地领悟了所学的知识后对知识的能量进行转换。

美国钢铁大王安德鲁·卡耐基也是一位"书迷"，他通过学习开拓财富帝国，成为传奇式商界领袖。他跟任正非一样，都是出身于贫寒家庭，从小就酷爱读书。

为了赚钱谋生，卡耐基在接受过五年学校教育后就辍学打零工。但不管每天的工作有多辛苦，他都不放弃读书学习。机会是留给有准备的人的，13岁那年，他的叔叔给他介绍了一份在匹兹堡市区当邮递员的工作。

小小年纪的卡耐基下定决心，要利用这个机会发展职业生涯。为了做好工作，他先熟悉了匹兹堡市区的大街小巷。同时，他在工作期间留心观察城市的商业活动和人们的行为。在熟悉工作内容后，他也提高了自己的工作效率，并用积极热情、乐于助人的工作态度赢得领导和同事的好评。

他在工作之余，先后自学了电报技术和发报技术，业务能力的提升和业务范围的拓展，不但让他的收入大幅度增加，还让他迎来了开创事业的机遇。当地报社高薪聘用他为报社的信息提供者，让他提供及时捕捉到的社会上的新信息。

卡耐基的工作变得充实而有意义，他一边积极地投入到忙碌的工作中，一边读书补充知识。他在工作中乐于分享和敬业工作的精神，得到了公司和客户的一致好评。4年后，17岁的卡耐基因工作能力突出，升职为电报员。

机会总是留给积极好学的人的，不久，卡耐基在工作中再创佳绩。这个在工作中善于创新的年轻人，引起了宾夕法尼亚铁路公司的负责人斯科特的注意和赏识，他把卡耐基聘为公司的办事员和电报业务经理，丰厚的薪水让卡耐基再次认识到学习的重要性。

在不到20岁的年纪，卡耐基就在事业上平步青云。这时卡耐基积攒下一笔钱，多年来一直热衷于研读投资书籍的他开始寻找机会投资。

事有凑巧，由于此时的卡耐基在业内已经小有名气了，让他有机会结交宾夕法尼亚上流社会中一些有影响力的人物。当他的上司斯科特提出和他合伙投资时，他爽快地答应了。凭借着多年对投资的研究和精准的眼光，卡耐基的初次投资就为他掘得第一桶金。

几年后，卡耐基成为万人规模的西部分公司总经理，随着身价的增加，他在1972年和1973年期间来了一个大手笔，把所有的钱投在了钢铁行业中。他敏锐的商业眼光，让他的投资回报率达到了财富的顶峰。

成为世界富豪的卡耐基认为，他在投资领域的成功，与他平时的好学有很大关系，所以，不管他在商界的地位有多高，每天读书的习惯从来没有改变过。

卡耐基在财富巅峰之时，做出了一个令所有人都惊讶的选择，他卖掉公司安心做慈善。他拿出自己大部分的财产，在世界各地建立了图书馆和基金会，让知识继续为需要的人服务。

曾国藩说："成大事者，必先读书。读书是得天下人之心，为我所用。养成读书好习惯，一辈子不寂寞。"知识带给人类的价值，既有丰富的物质生活，也有无尽的动力，更有灵魂的洗礼和精神的升华。

读书也许培养不出思想家、战略家、投资家、商界领袖等，但是，一个人的知识储备积累多了，这些知识会成为他身体的一部分，等积累到一定程度就会形成一种生存的智慧。

在当下，人才的价值越来越高。而成为人才的必经之路就是学习知识，让知识为己所用，帮助自己实现人生梦想。

以前讲究铁饭碗，现在的学习能力才是铁饭碗。只有通过学习不断提升自我，才有资本和资格去实现自我价值。唯有学习能力，才是你坚不可摧的"铁饭碗"。

在这个信息发达的时代，也是知识改变命运的好时代，有才华的人可以通过知识来变现价值，很多知识变现者因此实现了财富自由。如何让知识为己所用，需要我们在平时通过各种渠道积累知识，如图3-2所示。

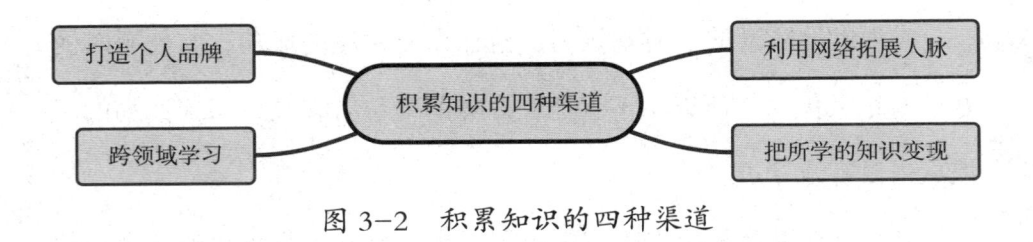

```
打造个人品牌 ─┐         ┌─ 利用网络拓展人脉
              ├ 积累知识的四种渠道 ┤
跨领域学习   ─┘         └─ 把所学的知识变现
```

图 3-2　积累知识的四种渠道

1. 打造个人品牌

常言说，一招鲜，吃遍天。每个人都有属于自己的独特优点，这既是谋生的技能，也是最近的致富途径。这就需要我们通过不断地学习和反省，持续地扩展自己的能力和智慧，可以根据自己在工作中的实际情况，加强学习专业知识、提升实际操作技能等，有知识加持，我们才能拥有过硬的专业技能，在业内打出自己的品牌，为自己赢得升职加薪的机会。

2. 跨领域学习

艺多不压身，无论在什么时代，多学一门技术都让自己受益无穷。你精通的技能越多，你思考和分析的能力也会得到提升。通晓的技能越多，接触不同领域的合作者的机会也越多，有助于你学到各个领域的新知识，从而拓宽你的认知。能让你在工作中善于变通，把各种事情加以融会贯通，工作效率也会越来越高。这种学习不但让你在喜欢的领域得到成长，还能全面拓展你的交际圈子，更广泛地吸收到来自不同行业中的信息和资源。

3. 利用网络拓展人脉

社会已经进入高度发展的信息和知识经济时代，便捷的网络资源，为每个人提供了学习机会。什么时候想学习都可以打开手机学习。网络除了学习，还可以做第二职业，很多网络平台会精准推送你需要的知识和信息，并且把志同道合的朋友和专业人士推送给你一起学习、探讨。除此之外，有些网络平台还会为你带来全球范围内的选择机会，让你把思维和创意转化到现实生活中去，帮助你拓展学习和工作的市场网络和人脉渠道。

4. 把所学的知识变现

商业世界的真相是价值和信息的等价交换。在知识付费时代，有才华的人可以通过各种渠道把知识变现，比如，如果你喜欢读书，可以写书评、写观后感等文字在各个平台发表，也可以用音频的形式上传平台，当你收获一定的粉丝量，平台就会按流量付费给你；你在其他方面有才华，可以在线视频讲课、写稿、拍摄短视频等，只要你的内容能够给需要的人带来信息和价值，就会有人关注你，愿意付费买单。因你分享的内容受益的人越多时，你的粉丝量也会越多，你输出的知识的价值也将同步增加。

03 学以致用，在实践中不断磨砺

孔子教育学生，尤其注重学以致用，要求学生对知识做到活学活用，强调学习知识和反复实践来提升运用知识的能力。为此他说："诵《诗》三百，授之以政，不达；使于四方，不能专对；虽多，亦奚以为？"在他看来，读书学习知识就是为了在生活和工作中结合运用，如果不懂得运用，学习再多的知识也没有意义。

正是孔子坚持主张学习是为了在实践中运用知识的观点，才让他的很多学生学有所成后在各个领域成就斐然。

在孔子的众多学生中，子路是把所学的知识学以致用得最好的学生之一。子路出身贫寒家庭，他性格豪爽、果断、心地善良、耿直、富有爱心。在拜师孔子后，他谨记老师的谆谆教导，为人处世力求做到"言行一致"。

《论语》中关于子路向孔子请教的场景有很多，其中不乏如何"为官"的问题，可见子路具有好学精神，并且他会把老师传授的"为官"知识，灵活运用于实践当中。

史料记载，子路学成后，他先是在鲁国做季氏的家臣，还举荐同

门子羔为费宰，并一路提携他。他后来到卫国做蒲邑的大夫时，他也带着子羔。

子路作为孔门七十二贤之一，他既是学而优则仕的典范，又是把学习与社会实践相结合的典范，更是学以致用优良学风的积极的践履者。为官期间，子路既有为民请命的坚毅，又有以身教化的示范，堪称是一个清明廉洁的好官。他果敢又率真的性格，深受地方百姓的称颂和爱戴。

"为政以德，譬如北辰，居其所而众星拱之。"这是孔子提倡的为官之道，以德服人。可以说，子路在工作中完美地实践了老师的"道"，并且获得了很大的成功——这才是知识的作用。

梁启超说，学其所用，用其所学。把学到的知识用于做事，在做事中运用所学的知识，这才是学习知识的最高境界。

马化腾是我国互联网行业的杰出代表，其成功历程生动地体现了"把学到的知识用于做事，在做事中运用所学的知识，这才是学习知识的最高境界"。

马化腾毕业于深圳大学计算机专业，在校期间积累了丰富的计算机技术和软件开发知识。毕业后，他投身于互联网领域。

创业初期，马化腾将所学的编程知识和对互联网发展趋势的理解，用于开发即时通信软件QQ。在QQ的研发和运营过程中，他不断运用所学，解决技术难题，优化用户体验。通过持续的创新和改进，QQ迅速在国内流行起来，成为人们日常沟通的重要工具。

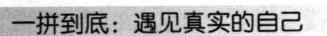

随着互联网行业的发展，马化腾又敏锐地察觉到新的机遇和挑战。他运用所学的商业知识和对市场的洞察力，推动腾讯不断地开拓业务领域，涉足游戏、金融科技、数字内容等多个领域。

在腾讯的发展过程中，马化腾始终注重将知识与实践相结合。他带领团队不断学习和掌握最新的技术和理念，将其融入到产品和服务中。例如，在移动互联网兴起时，腾讯迅速推出微信等适应新趋势的产品，再次引领了行业潮流。

马化腾用实际行动证明，把学到的知识灵活运用到做事中，并在做事的过程中不断深化和拓展知识，是实现事业成功和推动行业进步的关键。

无论在人生哪个阶段，无论遇到的困难多大，我们都要坚持思考和学习，但不能只停留在学习和思考的层面，一定要学以致用，学习的目的是实践，否则就是纸上谈兵。

我们看书、学习知识是为了指导自己实践，在面对新事物、新问题时，能够用学到的知识解决它、改造它，这是学习的真正目的。北宋理学家和教育家程颐说，积学于已，以待用也。我们学习文化知识的目的，就是获取生存的本领。把知识用于实践，是更好的学习。在生活中遇到事情也是这样，要不断去探索、去实践，从中找到正确的方法。

正所谓"实践出真知"。我们只有在实践中，才会真正找到解决问题的办法，在实践中能不断磨砺自身、积累工作经验、提高办事效率。

那么，如何在实践中学习呢？如图 3-3 所示。

```
        乐学的心态                           边学习边实践
                    ┌─────────────────┐
                    │ 在实践中学习的方法 │
                    └─────────────────┘
        带着问题去学习                       把知识学透彻
```

图 3-3　在实践中学习的方法

1. 乐学的心态

孔子说："知之者不如好之者，好之者不如乐之者。"乐于学习说明我们从心底里渴望改变和进步，比如，我们上学前，父母会向我们灌输上学的好处，或者自己从小立志，这种通过学习实现梦想的方式，会给予我们乐学的心态，让我们在学习过程中更为主动。

长大后，在繁忙的工作之余，我们仍然需要用这种方式来激励自己去学习，可以尝试着把学习的好处写下来，再选择自己感兴趣的爱好加以学习，比如，学摄影、做视频、唱歌、读书等，为自己制定一个学习小目标，达到以后适当地奖励犒劳自己。

2. 带着问题去学习

学习知识是为了解决问题。每个人的生活和工作时时刻刻地在发生变化，这些不断出现的问题，不像数学公式那样有标准的参考答案。所以，面对生活中突然出现的难题，我们可以通过向他人请教和现学新的知识解决问题，这种学习方式能让我们更快地吸收和消化所学的新知识。

3. 边学习边实践

古人提倡"知行合一"，就是让我们在学习中实践，在实践中学习。小时候学过一篇《卖油翁》的课文，卖油翁或许没有读过太多的书，但是他的工作却做得很出色，就是因为他最初练习倒油时，是一边学习一边实践，才让他的技艺达到了炉火纯青的程度。

任何行业内的专家所学的技巧，都是熟能生巧，在实践的基础上得出来的。这就需要我们在学习时要制定学习目标和学习计划，学习一段时间后进行复盘，为自己再制定新的目标和计划，在学习过程中对自己发出挑战，能帮助自己不断进步、提高技能。

4. 把知识学透彻

知识不是学的越多越好，而是要在学透的基础上加以应用，才能真正发挥知识的价值。所以，无论是平时读书，还是自学专业领域的科目，都要坚持学透、吃透，在这个基础上去学，能把所学的知识彻底变为己有，等到用时也会信手拈来。

04　独立思考，提升外在认知能力

学习贵在独立思考。就好比多人学习相同的知识，不思考的人学到的只是皮毛；独立思考的人不但能把所学知识熟练运用，还能举一反三，学到知识内在的智慧，得到意外收获，提升外在的认知能力。

《史记·孔子世家》中记载过孔子学琴。

孔子跟着师襄子学琴，几天后，师襄子对他说，他已经学会了，可以学习新内容了。孔子说，自己还没有掌握学琴的技巧。

过了几天，师襄子认为孔子已经会掌握了弹琴的技巧，建议他学习新内容。孔子说，自己还没有领悟到这首曲子的意境。

几天后，师襄子听孔子弹琴后，说孔子已经领会了琴曲的意境，可以学习新内容了。孔子说，自己还不能从所弹的琴曲中了解到作曲者是什么样的人，还要继续练琴。

直到有一天，孔子在弹琴时突然神情庄严肃穆，沉思良久，他向师襄子形容作曲人的容貌，说是周文王。师襄子惊讶地对孔子说，您真是圣人啊，当年老师教这支曲子时，说这支传世曲子就是周文王所作，曲名叫《文王操》。

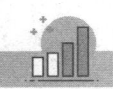

这个典故告诉我们，学习任何知识，都离不开独立思考，有了思考，知识才能够为己所用。孔子从简单的一次学琴中，学会了弹琴曲、弹奏的技巧、体会曲子表达的意境、了解曲作者等，甚至于连周文王相貌神态都能看到。这是何等的学习智慧啊！真是无愧于圣人之称。

几千年来，学琴者不计其数，有几个人能像孔子这样，通过学一首简单的琴曲而通晓这么多额外的知识？所以，学习知识不在于多，而在于通过独立思考达到扩展知识领域的目的。

"学而不思则罔，思而不学则殆。"孔子用他亲身学习的体会告诉我们，如果只读书却不思考，会因为不明白书里讲的内涵而陷入迷茫。但如果只是没有根据地空想却不认真学习和钻研，就会一无所得。只有学会独立思考，才能学有所得、思有所得。

想想我们上学的时候，老师一再叮嘱，先理解课文的意思，再去背诵，这样就很容易记住。但我们总是把老师的话当成耳旁风，每天辛苦地背课文，可是一到考试就蒙了。很多题似曾相识，却又无从下笔。

现在想来，终于找到原因，那时只是一味地死记硬背，应付老师来完成作业，根本不去深入地思考其意思。哪怕古文有注解，也是为了背诵而背诵。这种不独立思考的后果就是，考试时面对同样意思的题目，只要变换一下题型，就不知道怎么做了。

独立思考，才能让我们把从书中学到的知识变成认知的一部分。

Chapter3　提升认知：拓宽你的知识领域

小季学的是计算机专业，研究生毕业后，他感觉掌握的专业知识足够他在职场上叱咤风云了。当他信心满满地投入到求职大军中时，他发现自己错误估计了"知识"的力量。

先是求职时的笔试，面对好几页的专业领域的题，他一气呵成。当他做后面的附加题时，他一道都不会做。再就是面试，面试官提问的十几个问题，他虽然都回答了，但是看到面试官的职业性笑容，他猜到自己的答案没有让面试官满意。结果就是没有被录用。

在经历多次的求职失败后，小季终于谋得一份与专业相关的工作。都说应届生找工作难在录取前，因为很多公司对员工的要求，就是要有经验。小季好不容易入职后才发现，自己十几年的寒窗苦读，原来只是在投简历时才有用。入职后，他的工作除了名称与专业相同外，工作内容几乎跟所学专业扯不上关系。好在小季养成了爱学习的习惯，公司也有正规的培训，加上他在工作中有公司安排的同事带，他还能勉强应付每天的工作量。

小季的工作要跟客户沟通，社恐的他有点发怵。为了做好这份求之不易的工作，小季一边在网上查阅相关资料，一边跟着视频学习，同时，他还向同事学习跟客户交流的技巧。公司每次开会，或者找老板汇报工作时，他会留心观察同事，学习跟人打交道的经验。

小季一边学一边思考着如何把书面知识用于实际工作中，渐渐地，他从学习中悟出一套自己的经验：把每天跟客户、同事、老板、周围的朋友快乐沟通的对话提炼出来，总结成一套话术，然后再加以优化

(97)

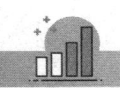

和编辑。平时，他在和不同的人交流时，变一下语气，改一下名称，这种话术居然适用于大多数的场合。

他还把网络新闻中网友的精彩评论记下来，择取其中优秀的评论加以整理；他喜欢看一些科普电影，看后就写上几百字的感悟；平时看书时，他涉猎广泛，有专业的书，有古文诗词，有经济管理，有心灵励志，有历史教育等，不管什么类型的书，他都是边看边想，对不能认同的观点就记下来，写上自己的见解。

他加了各种学习群跟大家交流，共同讨论。对于交流群里小伙伴的不同观点，他也会一边思考一边分析。

因为具有扎实的专业知识，再加上小季的多方学习，他的人际交往能力得到提高，与此同时，他的工作能力也取得了很大的进步。客户向公司的反馈显示了对他能力的认可，老板夸他悟性好，很多同事也乐意同他合作，有位同事还给他取了"产品部的真菩萨"，说和他合作做事总是很顺利。

工作一段时间后，小季复盘工作成果时惊喜地发现，他的业绩呈现出直线上升后的曲线图。他总结出一套理论：做好工作，专业是硬件，与人打交道的能力是软件。在工作中，软件比硬件要重要，想获得他人好感，就得让对方与你相处时多少得到点利益，这里的利益有精神上的，也有物质上的。比如，跟客户交流时，要热情、有耐心，让客户感觉和你合作有保障；跟同事交往，多看多夸同事的优点，工作中合作时，他会和同事多商量，同事不擅长的或是同事有事情时，

Chapter3 提升认知：拓宽你的知识领域

他自己会多承担责任。

人的成长是从认知开始的。随着年龄的增长，工作年限的增加，我们对收入的增加也充满期待，甚至希望能快速增加。但人的成长，并不是随时间的增加而成长。中国有句古话：有志不在年高，无志空活百岁。你永远赚不到认知以外的钱。成长，要先突破自己的认知。

一个人的成长，不是年龄和知识的增加，而是通过独立思考提升外在的认知能力，如图 3-4 所示。

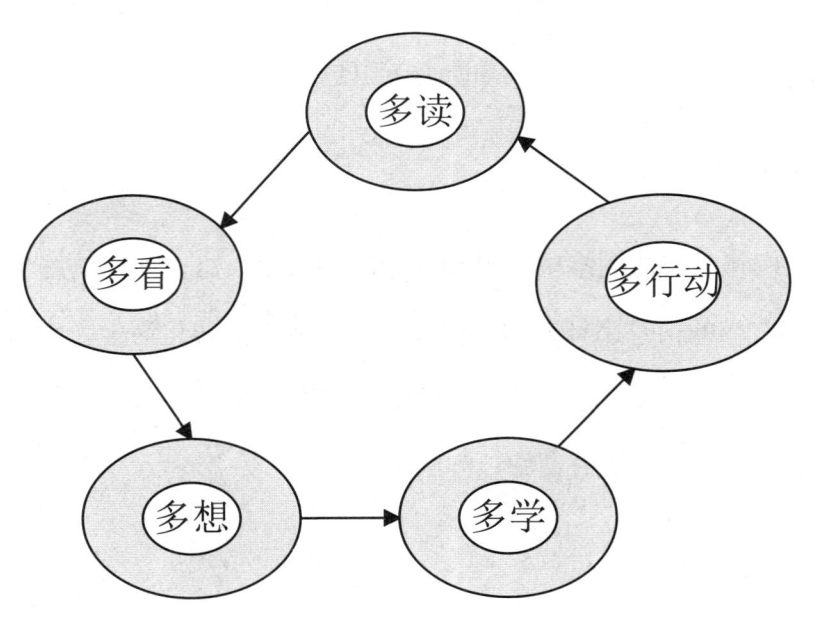

图 3-4 提升外在认知能力的途径

1. 多读

通过阅读来提升认知能力，是最佳的途径。不同种类的书，让我们知晓古今中外的奇闻轶事、了解到世界各地的风土人情等，阅读不但能拓宽知识面，还能让新知识融入到我们的思维模式中。持之以恒地坚持阅读，能让我们不断地吸收新知识，对思考能力、判断能力的提升也有很大的帮助。

2. 多看

多看世间芸芸众生相，能让我们了解不同的人性；多观察一些人的做事动机，会让我们练就一双识人的慧眼；多接触不同的人，会让我们了解到不同的信仰和思维方式，了解到不同的文化和不同的民族。见识的人越多，对外在的认知能力范围越广。

3. 多想

我们每天要从网络中接触到大量的碎片化信息，如何从海量信息中挑选有用的信息来补充知识储备，让这些知识转化为生产力，用于工作实践中，是非常重要的。这需要我们平时多想，多分析，多总结，多去验证，以此来提升认知以外的能力。

4. 多学

认知是在对外部信息的思考加工的基础上形成的，平时让自己多学习一些新技能，可以激发我们的大脑，扩展认知能力。跨界学习，能让我们对不同领域的知识进行融合，从而具备多元化的知识储备，掌握多项技能。面对生活和工作中的难题，我们能有更多更好的解决方案。

5. 多行动

每个人都有自己所从事的工作，要想提升本职工作的认知能力，就要对本职工作所需要的知识结构有清晰的认识，在工作中多参与一些棘手的问题。在遇到困难时，主动寻找解决的方案，在解决困难的过程中，根据实际情况调整行动方案。

05 多方交流，见识更大的世界

通过与他人的互动和交流，能让我们领悟到新的体会和知识，从而拓展自己的视野和思维方式，让自己超越自身的局限，促使我们不断成长和进步。

交流是一种桥梁，它连接着不同的个体、文化和观念。通过与他人的交流，我们可以了解到不同的生活方式、价值观和思维模式。这种多样性的碰撞和融合，使我们能够从多个角度看待问题，拥有更全面的认知。我们不再局限于自己的小圈子，而是能够融入到一个更为丰富多彩的大环境中。

雷军是我国科技界的领军人物，也是小米科技的创始人，他的成功离不开多方交流以及对广阔世界的不断探索。

在创业初期，雷军就积极与行业内的各路精英交流。他参加各种科技论坛和峰会，与来自全球的企业家、技术专家分享经验和见解。他不仅从这些交流中获取了最新的行业动态和前沿技术信息，还结识了许多志同道合的合作伙伴。

有一次，雷军前往美国硅谷参观考察。在那里，他深入了解了苹果、谷歌等科技巨头的创新模式和管理经验。他与当地的创业者、投资者

Chapter3 提升认知：拓宽你的知识领域

进行了广泛而深入的交流，汲取了许多宝贵的启示。

回国后，雷军将这些交流所得融入到小米的发展战略中。他注重与用户的交流互动，通过互联网平台收集用户的意见和建议，不断改进产品，满足用户的需求。

为了拓展国际市场，雷军与世界各地的供应商、合作伙伴建立紧密的联系。他的多方交流使小米能够迅速整合全球优质资源，推出具有竞争力的产品，走向世界。

正是因为雷军始终坚持多方交流，不断见识更大的世界，才使得小米在激烈的市场竞争中脱颖而出，成为全球知名的科技品牌。

古人说，"三人行，必有我师。"无论是在工作还是生活中，多和周围的人进行交流，以局外人的身份听对方谈话时，能让我们看到更大的世界，发现自身的渺小。

当我们与更多有见识、富有洞察力的人交流时，他们的行事作风，能给我们提供学习的机会。而在交流过程中双方灵感火花的碰撞，能够拓宽彼此的思维，发现自己思维的盲区和认知的局限，带给自己更多的启发，从而更好地理解和处理信息、锻炼表达能力。

知识输出的同时也在知识输入。虽然学习是一个"知识输入"的过程，但是当我们用所学知识帮助他人时，有助于吸收消化知识，真正让知识为己所用。

人就是一个储存知识的容器，通过学习储存知识，是为了更好地应用到学习、生活和工作中，当知识通过储存器"输入"时，是我们在吸收；通过储存器"输出"时，说明我们已经把知识彻底消化了，这些知识已经不知不觉地成为我们的人生经验。

知识输入既要向上学习，也要向下兼容。这样才能达到"输出"即是"输入"的目的，如图3-5所示。

向长辈学习 → 众人皆师 → 向朋友学习 → 从经历中学习

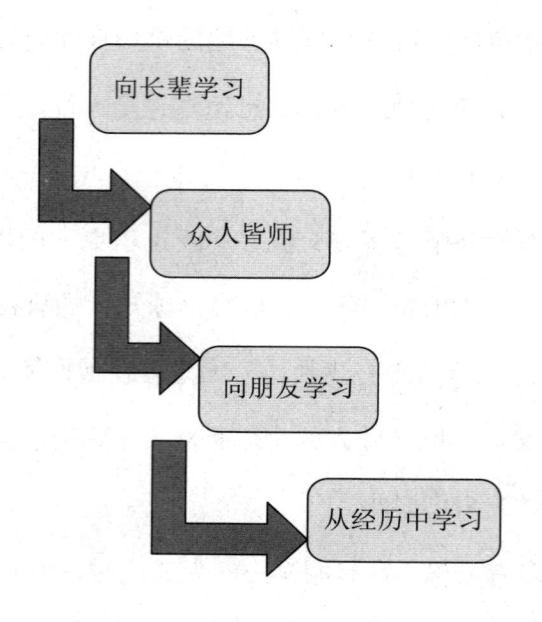

图 3-5　知识"输入"的渠道

1. 向长辈学习

正如"历史总是惊人的相似"一样，人们的生活发展规律也有相似之处。家中长辈因经历过很多世事、见识过不同的风土人情，自然有比较深的感悟，对人性有着客观的认识，对人生中很多事情也会看得比较透彻。多和长辈交谈，会让你明白世事人情，豁达地面对每天发生的大事小情。

2. 众人皆师

"尺有所短，寸有所长。"再聪明的人也有缺点和短板，只有学习每个人的优点，为己所用的人才是真正的智者。真正做大事业的人，都善于和不同性格不同阶层的人交流，听取他们的建议和意见。语言的力量是巨大的，往往别人的一两句话就道出了你的不足，让你发现自己发现不了的缺点，同时，对每个人的说话习惯进行总结，向那些擅长表达、说话有魅力的人学习说话技巧，这些都会让你受益匪浅。

3. 向朋友学习

子贡问交友之道时，孔子告诉他，朋友有过失，要尽心尽力劝告他，并引导他向善，朋友如不接受劝导就不要强求，那样会让你自讨无趣。这种告诫也适用于我们和朋友的交流，如果有的朋友在一件事情上反复地叮嘱你，你一定要引起重视。

4. 从经历中学习

古人说，读万卷书，行万里路。读万卷书是提升思想认识的深度，行万里路是把从书中看到的修养知识和实践的经验相结合。这里的行，不是让你全国各地去走，而是对日常中所遇到的人或事情做总结、吸取经验，通过增加见闻和阅历开阔视野，从而见识丰富多彩的大千世界。

Chapter4

修炼意志力：掌控自己的人生

01　保持自律，在孤独中完成使命

二十多年前，民间音乐人刀郎凭借一首《2002年的第一场雪》火遍大江南北。就在人们以为大红大紫的刀郎会趁着风头宣传自己时，他却选择隐居在我国西北的新疆，专心做他的音乐。

刀郎为了潜心创作，他关掉平台上各种社交账号，锁住手机，白天深入到新疆的深山采风、晚上挑灯读书，有了灵感就在简陋的工作室里写歌、唱歌。

2023年7月，刀郎的新专辑《山歌寥哉》一经发布，立刻在网络引发传唱热潮。专辑中的11首歌曲都是国风风格，把流行音乐与民间传统文化结合在一起，词曲各有各的特色，直入心肺的歌词配上优美的旋律，经过刀郎雄厚沧桑饱含感情的独特声音，让听者瞬间进入到一个纯净、清澈的世界，灵魂得到洗礼，身心得到净化，让人有一种从未有过的欢愉和轻松。

有网友赞叹，听到刀郎唱歌的声音，第一次切身体会到，歌声比美酒更能醉人。这种喝醉的感觉，简直是太美妙了，仿佛置身于仙境之中。

有位哲学家说过："世界上最强的人，也就是最孤独的人。只有伟大的人，才能在孤独寂寞中完成他的使命。"因为一个能够自我约束和自我控制的人，在成功的路上必定能抵御种种诱惑，规避种种风险，开拓豁达人生。

自律者又是孤独者。他们之所以能够在繁华的都市里做到大隐隐于市，是因为"隐"的孤独，不让外界的"灯红酒绿"扰乱自己"出淤泥而不染"的心，一心一意地做自己喜欢的事情。

在茫茫人海中，成功者就像海水中"长"出来的孤岛，以其刚毅伟岸傲然之姿屹立于广渺无际的海洋之上，不惧狂风暴雨，再大的海浪也不能淹没他们。他们孤独又自律，包容周围的一切，数年如一日地严于律己，铸就自己坚强的个性，让自己坚定不移地做事业，直到成功。

他是一名球员，身体比较瘦弱，背部神经因多次比赛患有严重的伤病，在体格健壮威猛的球员中，他显得格格不入。

刚进入球队时，他因为身体外形条件不好、球技也很差，很多人认为他缺乏打球的天分，在球队待不了多久就会自动离开。事实上，他非但没有知难而退，反而在球队创下一个又一个的奇迹。

在他的球员生涯中，他以其精湛的球艺获得 NBA 史上第九个拿到 MVP 的后卫，并且是后卫中第三个蝉联 MVP 的人。如此骄人的成绩，让他成为自奥拉朱旺之后第一位拿到常规赛 MVP 的国际球员，与此同时，他还是 NBA96 黄金一代的代表性人物之一。

他就是史蒂夫·纳什。前加拿大职业篮球运动员，司职控球后卫，绰号"风之子"。

一位在史上被称为"天赋最差的篮球巨星",是如何在业内创造出惊人业绩的呢?

原来,是他高于常人的"自律"!为了保持健康的身体,他从不吃巧克力、高热量的食品,不沾糖类食品、油炸和深加工食品;在日复一日的训练期间,他一天吃六餐健康营养的食品,即麦片粥(不含谷蛋白)、杏仁切片、生坚果、水果、蔬菜、糙米饭、胡萝卜和芹菜。

除了健康营养的饮食方式,他在训练方面对自己更为严苛:作息规律是严格按照每天科学的作息表,一天训练多少个小时,不练完就不允许自己休息;遇到高难度的训练,他还会给自己额外加大训练强度。

在球场上,别的球员休息时,他清瘦挺拔又倔强的身影在球场上孤独地重复着各种动作。

多年来,他一直保持着健康的饮食方式,他的身体变得强壮起来;高强度的训练方法,让他从没有"天分"、不被人看好的普通球员,一跃成为世界级球员。

有人说:人的一生是为欲望而生的一生,也是与欲望抗争的一生。

纳什的故事告诉我们,一个人要想成功,必须要有一颗对自己够"狠"的心,用这种"狠"抛弃掉阻止自己进步的"欲望"。

自律是约束内心的一种克制能力,它要求我们必须时刻警醒自己,全力与思想的倾向斗争,内心洞悉而练达、沉稳而睿智、淡定而从容,忍得住孤独、耐得住寂寞、挺得住痛苦、顶得住压力、挡得住诱惑、经得起考验、受得起打击。只有发自内心的"自律"习惯，才是实现自我发展的根本途径。

自律的最高境界是享受孤独和自由。因为自律而孤独，因为孤独而成就最好的自己，让自己成为一个精神自由的人。如同康德所说，"我是孤独的，我是自由的，我就是自己的帝王"。

自律就像蜕变的蛹，在经过一段漫长、痛苦或者前途未卜的经历后蜕变成美丽的蝶。一个人，只有经历了奋斗期的挣扎和锤炼，才会体会到那份悠然自得的从容。

多年前，有个网友陪着他生病的女友一起做自媒体，用文字抒写着对生命的热爱。两年后，他的女友因病去世前，嘱咐他把这个自媒体号运营下去，帮助因病而厌世的人找回信心。那段时间，他每次登录账号时，眼前晃动着女友熟悉的笑脸。他强忍住思念的泪水继续更新作品。

如今他在平台驻扎快10年了，他每天坚持更新的原创作品，字数都在1000字以内，再配上自己拍摄的精美风景照，粉丝量从当初的几千人上升到数十万人。

很多粉丝给他留言，说看他的更新已经成为生活中不可缺少的一部分了，受他的影响，大家也开始以他为学习榜样，来改掉自己生活中的坏习惯。

有个粉丝体质不好，小病不断，医生建议她通过运动加强体质，之前因为种种原因失败了。3 年前，这个粉丝看到他的文字和他每天的坚持更新后，深受感动和鼓舞。于是，她也坚持每天运动 40 分钟，3 年来风雨无阻，最近这 2 年几乎没有得过病，身体肉眼可见地健康了，气色也好了，朋友调侃她，至少年轻了 5 岁。

每次看到有诸如此类的留言，他欣慰不已，终于用自己的坚持，圆了女友帮助他人的梦。

他说，每天坚持更新作品，经常面临着思想枯竭、江郎才尽的窘境，更难的是要忍受寂寞和孤独，他和朋友聚会，有时间限制；他刷手机时间，不能超过一个小时；他白天工作不能懈怠，因为加班会影响账号更新；平时碰到有事或是公司必须加班时，他只能抽出时间来写……虽然有过无数次想放弃，想让自己和账号一起消失于网络中，觉得那样就轻松自由了。

但是，多年更新账号的行为，已经成为他本能的习惯，一到晚上，他不用大脑去想，就打开账号，看到粉丝的留言和分享的信息时，他立刻振作起来，文思泉涌，一气呵成。

这些年，他有多篇文章阅读量超过 10 万 +，有多家官方公众号连续转载过他的文章。这个号为他带来了不菲的收入，曾经有公司想和他合作，让运营团队帮他运营这个号，他可以获取更多的收益。

他一口回绝了，他说，他运营这个号，就是完成女友的助人心愿。如果他不能亲自更新，这个号就没有了存在的意义。

有位作家说过，当自律变成一种本能的习惯时，你就会享受到它的快乐。你在哪方面保持自律，你就能在哪方面收获成功。

外面的世界灯火缭绕，美酒咖啡，行走其间的人，很多是向往繁华和热闹的，因为要与各种各样的人甚至于不喜欢的人打交道，所以，他们会戴上自己也讨厌的"面具"，这样的人，很难让自己做真实的自己，更不会有时间过自己想要的生活，自然也难以有真正的快乐。

自律者会摒弃外界扰乱他们内心的声音，通过自我约束的力量，用强大的内心世界为自己筑起一方自由的天地，这样才能让自己持久地重复做一件事情。

孤独是每个人与生俱来的特质。但如果我们学会让自己的灵魂与孤独相处，那么我们就会把孤独当成享受，甘愿与孤独相伴，来实现身心合一的自由。

自律的人对自己的行为都有高标准的约束，这也是他们强烈的自律意识的体现。即使是在独处时，也能自觉地严于律己，谨慎地对待自己的一言一行。

那么，如何做到自律呢，可以从以下几点做起，如图4-1所示。

```
改正自身缺点
    ↓
积极的心理暗示
    ↓
提高行动力
    ↓
让自律成为一种习惯
```

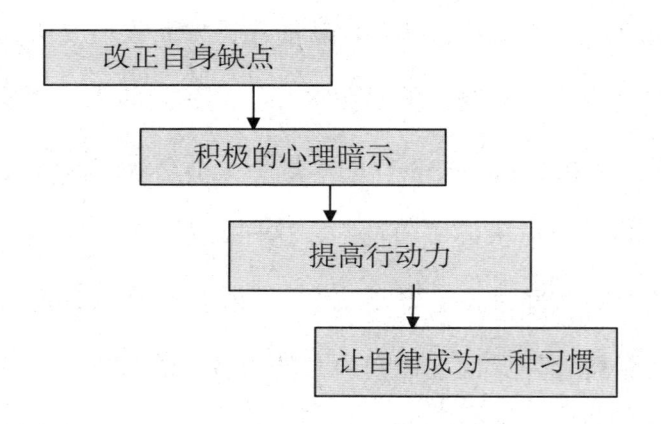

图 4-1　保持自律的方法

1. 改正自身缺点

凡事要先从自己身上找原因，分析自己的优点和缺点，针对缺点提出改进的方法。同时，为自己设定彻底改正缺点的日期。有研究显示，人和人之间之所以有差别，是因为我们的行为习惯不一样。21天会初步形成习惯，90天能形成稳定的习惯，帮我们全面提升素质。比如，你想改掉晚起的习惯，就给自己设定三个阶段，每个阶段为7天。完成一个阶段就犒劳自己一次。等初步习惯养成了，接下来的90天就能轻松地帮我们稳定习惯。

2. 积极的心理暗示

我们之所以受到诱惑，还是因为"占便宜"的心理，才让自己在利益面前失去原则。所以，面对诱惑，我们要先冷静下来，用潜意识给自己积极的心理暗示，给自己信心，在心里告诫自己，为了这点利益欠下长久的良心债是非常不值得的。

3. 提高行动力

行动是改变的开始，任何一个好的创意或是想法，说一百次或想一百次，都不如去做一次。因为"先行动、后思考"比"先思考、后行动"的结果更好，很多好习惯，都是先改变自己的"外在行为"，再改变自己的"内在认知"。外在行动创造的结果，能够让人有成就感，对自己更有信心。

4. 让自律成为一种习惯

每个人的自我管理能力都是有限的，很容易在诱惑面前动摇，只有把自律当作一种习惯去培养，自动亲近有利于身心健康的事物，碰到不良的习气自动摒弃，让这种行为习以为常，成为心灵的"标记记忆"，才能在诱惑面前不动摇。当自律成为一种习惯，你的身体能用自律的思维去辨别，同时让身体形成惯性意识，从而更好地应对外来的诱惑。

02 培养专注力，集中精力做事业

有位哲人说过，你一定要学会专注，这是一条通向成功的捷径。专注力，是指一个人专心于某一事物或活动时的心理状态，更是一种精神。

我们先来看动物界的一个小故事：

亚马逊森蚺是距今为止世界上最大最重的蛇，体重将近三百斤，身长9米多。逮捕到猎物后，它会用身子把几十斤的猎物压到骨碎筋断，再变成它口中的美食。

作为食物链顶端的凶猛动物，亚马逊森蚺的食量惊人，一般的飞禽走兽无法满足它的胃口。为了生存，它只得在不容易被发现的树林边的水源隐蔽盘踞，这里是水鸟、龟、鳄鱼，以及奔跑的羚羊等动物频繁出没的地段，借着树叶的保护色，它变身为"无声杀手"等待猎物的出现。

要想不被发现，亚马逊森蚺必须让自己像一堆凋零的树叶一样铺在地上，还要保持高度的专注力不被发现。亚马逊森蚺一动不动地蛰伏在杂乱的草和落叶中，树上不断有新的叶子落在它身上，有野兔、狐狸等小动物从它身上飞驰而过，也有飞鸟飞虫从它身上跳过，它都不为所动。

在它潜伏到十几天的时候，小动物们再也闻不到它的任何气味，确切地说应该是习惯了它的气味。

直到一只粗心大意的羊或者鳄鱼出现，它数日的专心等待只为这一刻，只见它以迅雷不及掩耳之势的速度进攻对方，用身子卷住自投罗网的这只猎物，等猎物在它身下筋骨断裂时，立刻化为足够它生存一个月的美食。吃饱后，它会换另外一块阵地，用同样的专注力等待下一个猎物上钩。

亚马逊森蚺用其高度的专注力等待猎物的过程，在动物界实属罕见。更令人惊叹的是，它能够在饥饿之时，忍住送到嘴边的美食诱惑。

亚马逊森蚺能够抵御美食的诱惑，是因为它要等待更大的猎物出现。所以，它不会为眼前的"小利"而蒙蔽。由此得出，世间万物的专注力，有时是为了获得最大利益。随着精神文明的日益提升，作为高等动物的人类，开始把追求自身价值最大化作为首要条件。

爱默生说："力量的秘密在于专注。"因为当一个人专注于做某件事时，会排除一切干扰，专注地、全身心地去做，这种专注的力量能够创造很多奇迹。

董仲舒是我国古代著名的哲学家、思想家、儒学大师，他知识渊博，尤其是在儒家文化上的造诣很深，悟出了孔子学说的真谛，故有"汉代孔子"之称。难能可贵的是，为了发扬儒家文化，他在著名的《举贤良对策》中把儒家思想与当下的社会需要加以联系，同时，在吸收其他学派理论后,创建了以儒学为核心的适用于治国的新的思想体系。当汉武帝在治国时受益于儒家文化后,就是采纳了董仲舒的"罢黜百家,独尊儒术"的主张。

董仲舒一生专注于宣扬儒学,其专注力感天动地,最终让他成功地把儒学推上了中国社会正统思想的舞台。他的这种专注学习和做事的精神,得益于小时候养成的学习习惯。

因为太喜欢看书了,少年时代的董仲舒读书的专注力,经常让他好多天不眠不休不吃不喝。疼爱他的父亲董太公看着孩子瘦弱的身体,心疼不已。为了让孩子有休息的环境,董太公决定在住宅后面修筑一个花园。

第一年花园动工时,园里阳光明媚、绿草如茵、鸟语花香、蜂飞蝶舞。姐姐多次邀请董仲舒到园中玩。他却手捧竹简,眼睛也盯着竹简,学习孔子的《春秋》,背诵先生布置的作业。

第二年,花园建起了假山。邻居、亲戚的孩子纷纷爬到假山上去玩。小伙伴们叫他,他陶醉于在竹简上刻写诗文,头都顾不上抬一抬。

一个专注的人,往往能够把自己的时间、精力和智慧凝聚到所要干的事情上,从而最大限度地发挥积极性、主动性和创造性,努力实现自己的目标。特别是在遇到诱惑、遭受挫折的时候,他们能够不为所动、勇往直前,直到最后成功。

第三年,精致的后花园建成后,左邻右舍前来观看,赞叹不已。园子里欢乐的气氛,丝毫影响不到专心学习的董仲舒,尽管父母千呼万唤叫他出来玩，他还是动口不动身。就连中秋节全家聚在一起在花园吃月饼赏月，董仲舒仍然借机逃离去找先生研讨诗文。

十几岁时，董仲舒就熟读了儒家、道家、阴阳家、法家等各家书籍，为他成为儒学大师奠定了基础。

专注是生活中一切成功的关键所在，专注才会产生效率，专注做事情的过程中，你将会发现其他人所忽略的细节，这些细节，或许就为你的成功做了铺垫。

法布尔说："把你的精力集中到一个焦点上试试，就像透镜一样。"高度专注，一直蓄能，直到合适的时机出现。当你站在了属于你的优势的位置，保持高度的专注，就不会输。**静静地蹲守，耐心地等待**，机会或许不多，但一定会有，一旦机会出现，你一定是属于那个站在优势位置的人。

下面是培养专注力的方法，如图 4-2 所示。

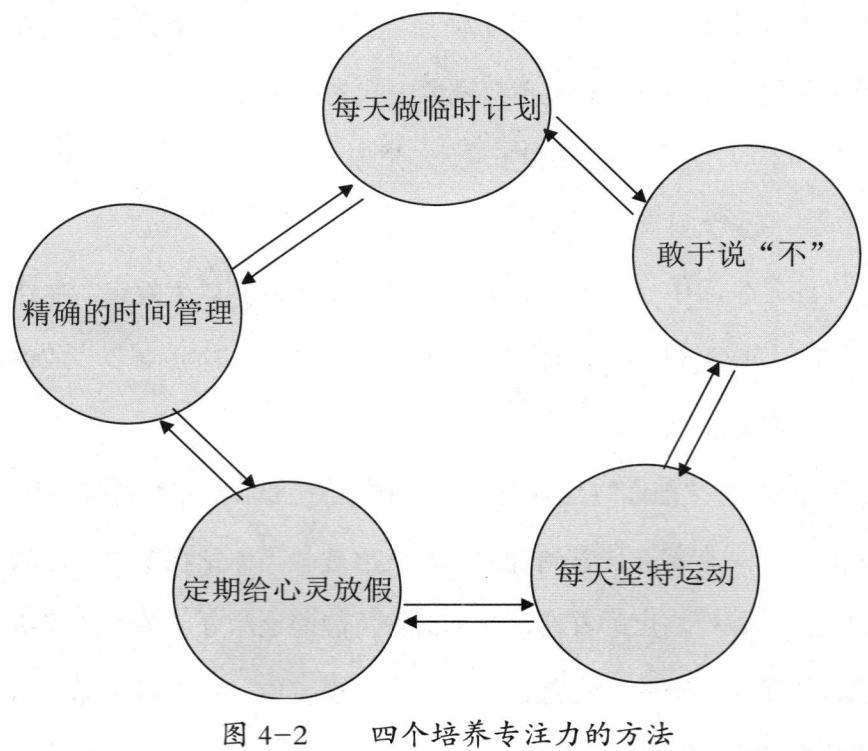

图 4-2　四个培养专注力的方法

1. 每天做临时计划

我们每天要做的事情很多，但事情都有轻重之分，偶尔也会出现突发的事情。这就需要我们给每天的工作做临时计划，把当天要做的重要事情做个明显标记，比如，今天你的主要工作是回访 20 个客户，那么你可以提前把回访内容列出来，预测出大概需要多少时间。这样就能算出当天有多少空余时间，从中再留出处理其他杂事的时间，那么省下来的时间，你可以用来自由支配。因为有计划，即使你在工作过程中遇到突发事件，也有足够的时间处理。

2. 精确的时间管理

在网络时代,各种社交软件在方便我们生活和工作的同时,也在不经意间"偷"走我们的时间,成为夺走人们专注力的最大"元凶"。做精确的时间管理,就是除了关注跟工作有关的社交软件外,不要轻易地查看手机和邮箱,即使工作需要查看手机和上网时,也要规定出时间集中处理信息。除此之外,对一天的时间加以分配,根据自己的工作习惯,把工作效率高的时间段,定为处理重要事情的时间;平时跟客户、同事、朋友交流,也要定出时间。每天为自己留出一个小时读书放松的时间;工作之余,也要定出刷手机、上网的时间,以此给自己充足的休息时间。

3. 定期给心灵放假

当下生活节奏快,忙而无果消耗着我们的精力,心不安定,做事就无法专注。每周至少用半天的时间来养护心灵,关掉手机,通过有氧运动、瑜伽冥想、静坐等方式,清空大脑中杂乱的世俗想法,把专注力放在洗涤心灵,深吸气、长吐气,让心灵变得清静无欲。坚持做下去,就能提高你的专注力。

4. 每天坚持运动

科学研究显示,身体在运动时会分泌出一种叫作内啡肽的物质,这种物质会使大脑感到兴奋、心情愉快、改善不良情绪、提高注意力等。好心情带给人高昂的斗志，非常有利于我们专注于做事情。所以，每天给自己留出哪怕 30 分钟的运动时间（户内户外都可以），以让自己保持旺盛的精力。

5. 敢于说"不"

古人说，不在其位，不谋其政。每个人都有自己的局限性。有些事情即使你再努力、再浪费精力也做不好，对于超出自己职责和能力范围内的事情，要果断拒绝。因为你因不好意思拒绝而答应别人的事情却没有做好，既会浪费你的时间、打击你的信心，又耽误了别人的进度，对双方都没有好处。

03　一旦选择，坦然接受任何结果

　　对于一个人来说，会做选择也是一种能力，而为选择后的结果承担责任，是一个人成长的开始。敢于接受自己选择后的任何后果，则是一个人成熟的表现。

　　为什么说选择是一个人成长的开端，因为当你做选择时，就意味着你要为自己的言行负责了。

　　前些年，有个朋友不顾所有人的反对，执意辞去体制内的工作，到远方的大城市去圆梦。没多久，她便为自己的固执付出了代价。私企工资高，但是加班加到让她怀疑人生；大城市工作机会多，心情不好了可以随时换，但是每份工作都是换汤不换药。时间长了，她的工作又回到了原点，就像她在体制内时变得寡淡无味，而且比在体制内的竞争压力还要大，还更辛苦。

　　外面的世界确实精彩，但是每当夜深人静时，她一边刷手机看视频，一边感觉到青春的日子像打开的水龙头一样，眼睁睁地看着水哗哗地浪费着……

　　开始时，她为自己的选择懊悔不已，心中充满自责，埋怨过父母当时阻挡力度太小，恨自己没有主见，被网上的"毒鸡汤"文章洗脑了……心里在经历各种纠结后，她还是要独自解决面临的困难。

习惯是治疗人生疑难杂症的万能秘方。5年后，她完全习惯了辛苦打工的都市生活。昔日陌生繁华的城市，此时充满了人间烟火味，下班后，她回到独居的十几平方米的小房子里，自己动手做饭，饭后和父母视频聊天，汇报一下自己当天的工作情况，了解一下父母的健康情况，然后看一会儿书、上床休息，第二天起大早挤地铁上班。

有时候，她会为每个月按时发放的高工资欣慰心安；有时候，她会为一眼看到头的生活感到无奈；有时候，她感到工作枯燥无味没有未来；有时候，她会为自己能够体验在大城市的孤独感到释然……现在，她通过各种方式的学习提升自己，不再蹉跎青春岁月。

其实，选择无所谓好或坏，只要把参照物定为自己而非他人。无论做什么选择，就和昨日的自己对比，看今天的自己比昨天的自己有没有进步，今天的自己如果能改掉昨天犯的错误，就是一种成长。千万不要和他人对比，正如不要把所有的隐私讲给他人听一样，因为人生如饮水，冷暖自知。每个人只是把各自认为可以讲给他人听的话讲出来，真正不愿讲的那些话，需要自己去消化。

就像别人不关心不了解你一样，你也不愿意关心和了解别人。何必用自己的生活和他人对比呢？

人生中最困难者，莫过于选择。每个人的一生都是在不断地做选择中度过，际遇也因为个人的选择发生变化。也许你认为这次选择失误了，但可以通过改变自己，再次选择时谨慎一些，让选择的生活符合自己的心理预期。

王夫之说，君子择交，莫恶于易与，莫善于胜己。在所有的选择中，能决定我们一生幸福的，大概就是能够在刚刚好的年纪，选择了一位志同道合的朋友，一起从事热爱的事业吧。

管仲和鲍叔牙的友谊，既是志同道合的朋友，又是相互成全的合作伙伴。他们两个人都具有治国安邦之才，但是，在交朋友和选择事业时，鲍叔牙一直是深谙选择之道的。

鲍叔牙和人交往，不是泛泛而交，而是凭借善良正直真诚，他不会被表象所蒙蔽。鲍叔牙赏识管仲的才华，是因为他欣赏管仲的治国安邦之才。

鲍叔牙深知管仲才大志大，他在和管仲合伙做生意时，管仲的本钱也是鲍叔牙帮着垫付，但是赚钱后管仲分的钱却比鲍叔牙多很多。当别人为鲍叔牙鸣不平时，他选择以自己之心度管仲之腹，并尽全力维护管仲。他认为管仲胸怀天下，是在等待有朝一日实现自己的安邦治国的才华。

一个人无论选择朋友，还是选择事业，很大程度上取决于自己的眼光和格局。

两人在选择领导时，管仲选择公子纠，鲍叔牙选择侍奉公子小白，是因为他认为公子小白身上有成为明君的潜质。而管仲选择公子纠，也有自己的理由。

鲍叔牙选择的小白成功登上国君之位，就是后来的齐桓公。他立刻向齐桓公推荐管仲，并且三让相国之位给管仲，让管仲实现治国大志，足见鲍叔牙的心胸确实非一般人所比。

管仲深知鲍叔牙正直的秉性，难以在人心莫测的官场上周旋立足，所以，他在临死之前阻止齐桓公让他为相，因为远离了政治漩涡，鲍叔牙才得以善终。他的后世子孙也都就职于齐国的高层，其中还有很多是有名的大夫。

"人生得一知己足矣。"人的一生可能会有很多朋友，但是真正的知己却可遇不可求。管仲和鲍叔牙堪称知己，管鲍之交的故事被传为千古佳话。几十年来，管鲍二人既能同甘，也能共苦，是对友情的最好诠释。他们之间的友谊经得起时间的考验，也经得起名利的考验。

有位智人说过，选择是一种能力，不仅仅关乎眼前的决策，更关乎对未来的规划和抉择。管鲍之交，是建立在两个人相互了解、相互信任、相互坦诚的基础之上的。他们在一起，既有对共同事业的热爱，又有对未来的规划，包括对事业的选择，他们也是心照不宣配合得很默契，才浇灌出了这朵馨香持久的友谊之花，造就了两个名相彼此成全的佳话。

美好的友情令人向往，"管鲍之交"的友谊告诉人们：朋友需要选择，更需要惺惺相惜。友谊之花需要细心呵护，用心浇灌。友谊是以诚相待、肝胆相照，更是相互包容、荣辱与共，是得意时的相互鼓励与欢欣，更是失意时的不离不弃。

一次正确的选择，往往比你的努力更重要。智慧之人，一旦选择，会接受任何结果。他们不会患得患失，如果选择正确，就朝着正确的方向为之奋斗；如果选择错误，就要像管仲那样保存实力，等待时机来改变不利的现状。

在生活中，无论我们做什么样的选择，一旦选择，就不要患得患失，而是坦然接受选择的结果，如图 4-3 所示。

```
┌──────────┐  ┌──────────┐  ┌──────────┐
│ 对自己负责 │  │  尽力而为  │  │  顺从内心  │
└────┬─────┘  └────┬─────┘  └─────┬────┘
     │             │              │
     └─────────────┼──────────────┘
                   │
         ┌─────────┴─────────┐
         │   选择后的处理方式   │
         └───────────────────┘
```

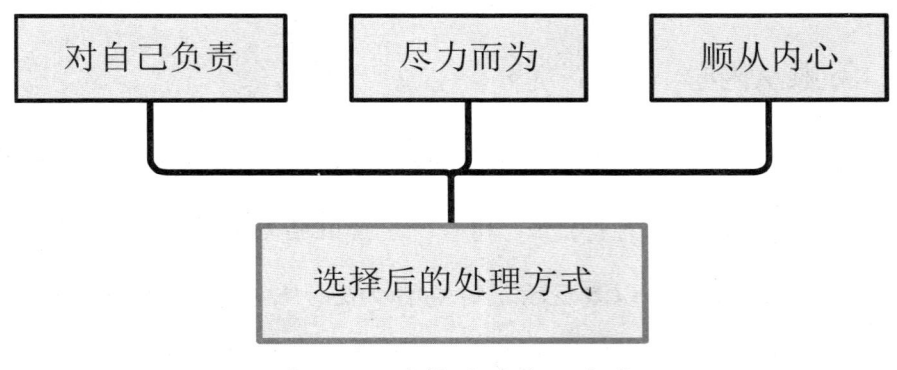

图 4-3　选择后的处理方式

1. 对自己负责

每一个人在一生中会面临无数次的选择，把握每一次选择的机会，才能做最好的自己。谨慎地对待每一次选择，无论选择为自己带来什么样的后果，都能接受。既不要因为一次正确的选择就得意忘形，也不要因为选择有误而怨天尤人。选择正确，怀着平常心去做；选择不尽如人意，通过自我调整、积极地寻找一切办法改变不利局面，这才是对自己最好的负责。

2. 尽力而为

无论在生活中做出怎样的选择，都必须经过深思熟虑，因为每一个决定都可能是人生的转折。可如果自己做了决定，结局还是无法达到预期，也不要自暴自弃，我们不能改变现状的时候，最好的方法就是尽自己最大的努力去适应当下的生活，做好准备，等待机会。

3. 顺从内心

保持良好的心态和情绪，这样即便是在面对突发的灾难时，也能保持冷静，先让自己沉下心来。每一个选择的结果不是我们能控制的，可是心情却是我们可以改变的，对生活不要有太多的欲望，用心对待发生在你身上的每件事情，认真负责地去做，对于结果，顺从自己内心，保持积极的心态即可。

04　延迟满足，在"苦等"中成长

所谓延迟满足，与我们平常所说的忍耐和意志力紧密相连。为了追求人生更高的目标，获得更大的成功，我们必须克制住自己立刻得到的欲望，不为眼前的小诱惑所动。

在上世纪60年代，美国斯坦福大学心理学教授沃尔特·米歇尔设计了关于"延迟满足"的实验，这个实验是针对孩子的研究，目的是锻炼孩子的自控力，让他们学会等待、不受欲望所控制，通过拒绝诱惑克服困难后有所得，从而获得长远的、更大的利益。

其实，早在几千年前，我国的先贤圣哲孔子就教导弟子"先事后得"，即先努力而后收获；"无欲速，无见小利。欲速则不达，见小利则大事不成。"即做任何事情不能求速成，不要贪图小利。这种违背规律、一味求快图小利的行为，很难办成大事情。

世间万物生长，都要遵循大自然春种秋收的规律。我们做事情也是一样，要遵守一个规律，如图4-4所示。

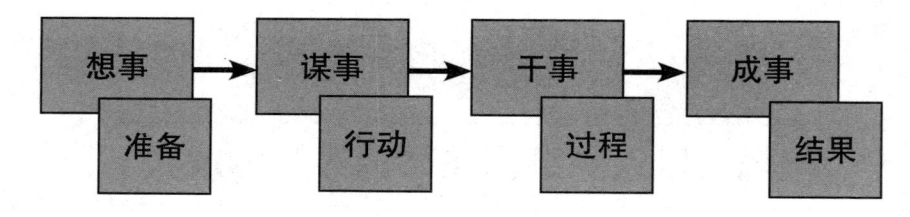

想事 → 谋事 → 干事 → 成事
准备　　行动　　过程　　结果

图 4-4　做事情遵守的规律

平时我们做任何事情，以上四个步骤缺一不可。如果过于在乎收益或大利，忽略等待过程中的付出，必定会违反事物发展的规律，那么结果很难如我们所愿，甚至出现糟糕的局面。就像孟子写的《拔苗助长》中的农夫一样，因为急于求成而"赔了夫人又折兵"。

当下很多人以"快"为准则，生活、工作节奏快得不敢想象，没有时间学做饭，也不愿意付出精力做饭，或者是等不及下厨房做饭，选择吃快餐、点外卖、下馆子等。你选择"快"，那么就得接受"快"带给你的后果。

美好的事物，都需要一个等待的过程。正是这个付出和克服困难的过程，为后面的结果打下坚实的基础。做事情是同样的规律，我们从头到尾地做一件事情时，要集中精力，认真负责地把每个细节把控到位，处理好关键的问题，无论成功与否，都会让我们或多或少地有所收获。这里的收获，既有做事情后所得到的收益，更多的是我们在做这件事情的过程中的所思所想所感所悟。

当你从一件事中得到的感悟超过对收益的重视时，这才是做一件事情的最高境界，因为这件事给了你成长的养分，将影响你以后的人生观。

我们选择等待,并不只是单纯地空等,而是在等待的过程中去认真做事情,穷尽自己的智慧克服阻碍你的难关,学会在枯燥的日子里寻找乐趣,用坚定不移的信念拒绝诱惑,磨炼意志力。相信经过这一系列的"苦等"后,你等来的不只是丰硕的收获,还有更优秀的自己。

在漫长的人生中,耐心地等待是让生命之花开得更灿烂。所以,在生活中修身养性的最佳方式就是面对身外之物,延迟满足自己的欲望,静静地等待,如图 4-5 所示。

图 4-5 延迟满足得到的收获

1. 集中精力做事情

延迟满足会让我们把精力放在做事情本身上,就像古人说的"先事后得"一样,做事情要先去做,然后才会有所得。当我们做事情时把注意力放在"做"上面,就会用心地去做。这并不是"只管耕耘不问收获",而是把所有的力量用在行动上,当目标明确、方法得当再加上极强的执行力时,自然会有所收获。如果一开始功利心太重,会变得浮躁,成为结果的附属品,不利于把事情做好。

2. 增强意志力

　　意志力是我们成功做事的前提，能够帮助我们抵挡外界的诱惑。而适度的压力是前进的动力，现在各行各业竞争激烈，压力可以说无处不在。面对压力要坚持自己的承诺，比如，在规定时间内完成某项任务、寻求他人帮助自己克服困境，或者通过释放情绪、运动减压等方式来自我调节，当你自己想办法脱离压力时，会逐渐增强你的意志力，有利于你做出理性的决策。

05　制订计划，养成高效做事的习惯

俗话说："一年之计在于春，一日之计在于晨。"制订未来计划，可以让我们有一个明确的目标，做事情效率更高效。

小穆和小朱同时进入一家公司实习，试用期三个月。

因为是实习生，公司没有给他们定销售任务，在培训一周后，让主管带着他们去见客户，学习经验。

在见客户前一周，主管就把客户的资料发给了小穆和小朱，让他们事先熟悉一下，见到客户就有话题可聊了。

小朱想，反正有领导出面洽谈，自己跟着去就是凑人数，看不看客户资料没有多大意义。这么一想，他就把客户的资料搁置一旁。

小穆想，自己在学校学的都是理论知识，这次跟着领导拜访客户，面对面和客户交流，这是工作中重要的环节，不能错过这个学习的好时机。看了客户的资料后，他又做了如下的准备工作，如图4-6所示。

```
登陆客户公司的网站
        ↓
  查询拜访客户的技巧
        ↓
  对着镜子练习"话术"
        ↓
   提前查好交通路线
```

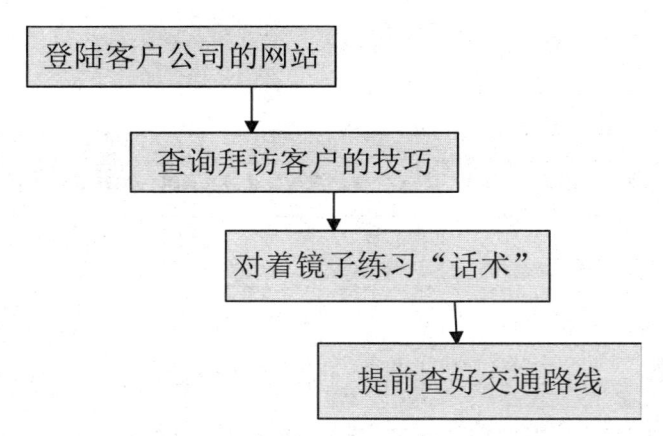

图 4-6　小穆做的准备工作

1. 登陆客户公司的网站

他在客户公司的网站中，了解了客户公司的创业时间、公司的发展历程，也知道了客户公司的主营领域、经营理念，以及未来的发展方向。

2. 查询拜访客户的技巧

虽然公司对他们进行了新员工的培训，但是有很多细节需要补充完善。他在网上查阅了一些拜访客户的技巧，并把一些见客户的基本礼仪的话术，根据自己的需要进行了编排。

3. 对着镜子练习"话术"

他把从网上整理的会见客户的过程，对着镜子模拟演习时，发现公司的培训和他在网上整理的一些话术很生硬。他就自己进行了加工，这样会让双方见面时的对话变得更有人情味和趣味性。

4. 提前查好交通路线

他在查询路线时，得知去客户公司最近的路线在修路。他又查了另一条路线，这条路线不但绕远，还堵车，而他们去的时间虽然不是堵车的高峰期，万一遇到堵车呢？他在左右权衡后做了一个防止堵车的备选方案：他查询到客户公司附近有地铁，但是需要步行两站地。步行的时间自己能够控制，不会迟到。

做好计划后，小穆就把客户那里修路的情况提前向主管和小朱讲了。主管说，为了保险起见，就不开车过去了，咱们根据自己的情况自由安排。

在拜见客户前一天，主管对他们说，明天上午9：30分在客户公司碰头，到时候一起进去。

第二天，小穆比平时提前一个小时起床，收拾停当后就去坐地铁。因为早起地铁人不多，小穆提前40分钟就到了客户公司门口。他看时间还早，正好客户公司对面有个早餐店，他便过去吃早点。

9：20分时，小穆来到客户公司门口。主管来后，发现小朱还没有到。打电话一问，小朱说他家住得远，到地铁站坐的公交车比较堵，他现在还在地铁里，到客户那里怎么也得10点多。

主管担心失约，就让小朱别来了，先回公司。主管就带着小穆去见客户。

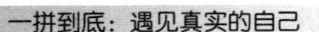

主管和客户洽谈时，小穆有礼貌地倾听着。有几次客户提到双方未来是否有合作的项目时。小穆得到主管的许可后，也谈了一下个人的想法。

办完事回公司的路上，主管夸小穆做得好。在之后的工作中，主管有什么事情就爱找小穆商量，平时也爱带他出去见客户。

随着小穆对工作流程的熟悉，他制订的计划越来越完善。在试用期第二个月时，公司给他们定了任务，一个月内要联系到50名新客户。

对于刚工作一个月的实习生来说，开发50名新客户还是有难度的。小朱听到后抱怨公司给实习生的工作任务安排得太重，压力太大，嚷嚷着不想干了。

小穆心里也觉得公司给的任务有点重，他考虑到找新客户最主要的是渠道，虽然培训时公司为他们提供过一些渠道。但是其他同事都在用，效率不高。他就给自己定了计划表，如表4-1所示。

表4-1　小穆的工作计划

1	每天至少要找到2~3位新客户。每周找到13~15位客户，如果找不到，周六日自己加班也得完成这个计划
2	找客户的渠道，除了公司提供的找客户的途径以外，自己还要另外开发渠道，在各种交流平台，或者朋友介绍
3	每周五下午对一周内所找的客户进行电话回访，回访话题要围绕客户的兴趣来谈
4	半月做一次工作总结，总结成功谈客户的经验，分析新客户拒绝的原因，从中吸取教训，调整工作方式，这样能更顺利地完成每天的工作量
5	月底写工作总结，制订下个月的工作计划

有了这个计划，小穆每天的工作就有了目标。一个月后，他找到了52位新客户，高效地完成了任务。因为工作能力强，公司提前一个月给他转正了。

我们做计划的目的，是为了让自己的精力更集中。正所谓"工欲善其事，必先利其器"。计划就像"利器"，帮助我们扫清工作过程中的一些障碍。

古人说："凡事预则立，不预则废。"这里提到"预"就是计划，"立"就是成就，"废"是失败。做事情前先做计划，等于是为自己做的事情勾画了一个蓝图和轮廓，会让我们在行动时有明确的方向。遇到情况有变化时，我们也会在第一时间做出选择。

做计划不但能客观地评估自己的工作结果，还能够帮助我们改掉身上的一些坏毛病。一个做事有计划的人是值得信赖的，如表4-2所示。

表4-2 做事情制订计划的重要性

1	避免盲目行动，提高行动力
2	目标更加明确，让学习或是工作有条不紊地进行
3	有变化时可以随时调整做事方向
4	有效控制工作计划进度
5	减少不可预见的阻碍和危机产生的可能性
6	出现突发事件和问题时，能够及时处理

在制订计划时，不能好高骛远，而是要根据自己的实际情况，当

你轻松地完成计划后，才会有动力，从而让你信心百倍，实现一个又一个目标。制订计划是灵活的，在实施的过程中，我们可以根据自己的能力进行调整。

Chapter5

明确目标：持之以恒地做好每件事

01　精准定位，方向对了万事皆顺

定位，好比一个人成长路上的灯塔，指引着我们向着有光的方向奔赴。方向对了，哪怕过程充满艰辛，也会乐在其中，只要顺着这个方向走，你最终会到达目的地。

从古至今，有多少青史留名的仁人志士，几乎都在少年时代就为自己的人生定了大致的方向。宋朝范仲淹文能安邦、武能定国，他是历史上为数不多的出将入相的忠良贤臣之一。早在读书时代，他就为自己的事业确定了方向。

范仲淹自小就热爱读书，圣贤的教诲给了他生活的勇气和力量。少年时代，他得知身世后，感念祖辈，并为自己立下了将来要做宰相的志向，决定像父辈那样全心辅助皇帝造福百姓、泽被苍生。

有一次，范仲淹路遇一个庙，进去求卦时，他问庙中方丈："我能当丞相吗？"对方惊讶地看着这个仪表堂堂、一身正气的年轻人，心想这个年轻人好大的口气。在看过他抽的签后摇头说："不能。"范仲淹接着又求了一签，并祈祷："既然不能为相，那我能当良医吗？"对方看过他的签后又摇头说："当不了良医。"

方丈颇感好奇，就问他："宰相和良医，是两个相差悬殊又不相干的两个职位？你怎么会选择这两个职位？"

范仲淹说道："我做宰相志在辅佐明君治理国家，这样能造福天下、惠及百姓。既然当不了宰相，我退而求其次做一名技艺高超的良医，上可以疗君亲之疾，下可以为平民百姓治病疾，依然能够实现利泽苍生、普济万民的理想。"

方丈听后不由得赞叹道："你小小年纪便心怀天下、志向远大，就算做不了宰相和良医又何妨，将来你无论做什么职位，都能让你施展才华，做的贡献不比做宰相和良医差。"

范仲淹后来的事业发展果如方丈所说，他官至参知政事，相当于副宰相。

虽然范仲淹只当了一个副宰相，但他为国家和百姓做出的功绩，远远超过了某些宰相。在范仲淹戎马一生的仕途中，他文能在朝主政，武能出帅戍边。他在历任地方官时，用他仁政的为官之道，为百姓做实事、谋福利、求发展，让当地百姓安居乐业，深受百姓的拥戴。他出色的政绩也受到皇帝的赞扬，多次加封他的官位，也为他后来的改革打下了基础。

范仲淹的一生，以国家利益为己任，以百姓疾苦为重，可谓是功在当代、惠泽千秋。遥想当年他为自己定位的初衷，也是出自他"居庙堂之高则忧其民，处江湖之远则忧其君""先天下之忧而忧，后天下之乐而乐"的爱国爱民之心。

虽未登宰相之位，范仲淹却用他一颗赤诚之心实现了他的人生志向：在朝廷之上，他竭尽全力辅助皇帝治国安邦；在为官期间，他为官清廉，体恤民情，所到之处，百姓生活安定富足；他去世后，更是给我们留下了宝贵的财富，一部《范文正公文集》对后世影响深远。

《大学》中有这样一句话："《康诰》曰：'如保赤子。'心诚求之，虽不中，不远矣。"范仲淹用他的亲身经历，向我们诠释了精准定位的重要性，即，为自己定位必须要心诚，然后坚定不移地朝着这个方向努力，你取得的成就会比你最初定位更高。

人生如逆水行舟，不进则退。在我们生命的长河中，会遇到各种各样的生活难题，包括天灾人祸，要解决和克服阻碍我们前行的绊脚石，需要通过不断地成长才能应对。所以，成长是一个人终其一生的修行。

尘世苦乐皆无常，世间沧海桑田。给自己一个准确的定位，能让我们在困境中清楚地看到奋斗的方向，鼓励自己坚持下去。正如曾仕强教授所说："方向定了以后，你不要去管有没有机会。先把自己该做的事情一样一样地去做，等你准备得很充足了，自然水到渠成。"

无论在人生的哪个阶段，都要为自己的事业定位，如图 5-1 所示。

```
                ┌──────────────┐      ┌──────────────┐
                │ 定位要有方向 │      │ 定位要清晰   │
                └──────┬───────┘      └──────┬───────┘
                       │                     │
                       └────────┬────────────┘
                          ┌─────────────┐
                          │ 人生定位的要点 │
                          └─────────────┘
                       ┌────────┴────────────┐
                       │                     │
                ┌──────┴───────┐      ┌──────┴───────┐
                │ 定位要高瞻远瞩│      │ 定位要坚定   │
                └──────────────┘      └──────────────┘
```

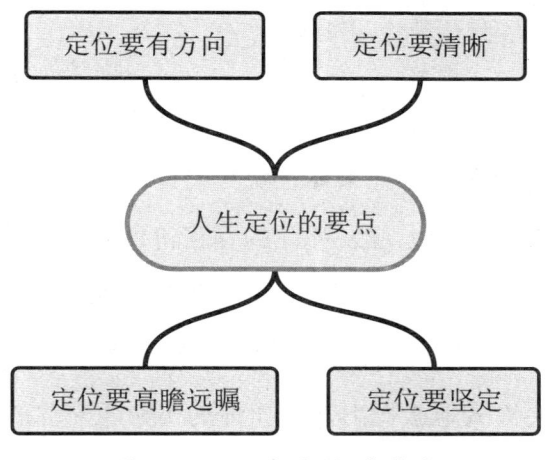

图 5-1　人生定位的要点

1. 定位要有方向

方向就像夜间的亮光，为我们指明前行的路。方向正确，才能匹配远大的志向，成功只是早晚的事情。过程中经历的波折和困难，也只是为成功做铺垫。明朝赵世显说，再难的事，只要"有志"，即专心致志，就能做成，但如果"心分"，即三心二意，就会失败。再远的路，有方向就有动力，慢慢走下去，也能到达目的地。

2. 定位要清晰

阿基米德说："只要给我一个支点，我就能撬起地球。"明确的自我定位，就是要有清晰的目标。在对自己的优势和劣势有着客观的评估后，知道自己能做什么，不能做什么，这个时候再为自己未来要做的事情定位，会让你事半功倍。

3. 定位要高瞻远瞩

有了长远的目标，才不会因为暂时的挫折而沮丧。定位的格局，注定了你未来能走多远。如果你定位小富即安，那么你的潜意识就会带着你往这个方向走，无法发挥你的真正价值。如果你的定位是成就一番大事业，你身上就会有一股使不完的劲，面对困难和挫折，你也会不改初衷，想办法挺过去，虽然你无法预测真实的未来是什么样的，但你的潜力将会极大地激发出来，让你的实力匹配你的成就。

4. 定位要坚定

古人说过一句话："操千曲而后晓声，观千剑而后识器。"就是告诫我们，做任何事情，必须先要经历坎坷，积累经验，一点点地完善自己，弥补自己的不足之处，让自己变得更强大，才能脱颖而出。

02 由小到大，小成功累积大事业

古人说："千里之行，始于足下。"无论我们做什么事情，都是先从当下的小事情做起。

东汉时有一个叫陈蕃的少年，他从小喜欢读书，发誓将来要成就一番大事业。15岁时，陈蕃的才华在当地已经小有名气。为了让他安心读书，父亲安排他独居一处宅院学习。因为沉迷于学习，陈蕃从来不收拾居所，认为收拾房间会耽误他的学习大事，就任其脏乱下去。

有一次，陈蕃的父亲带着朋友薛勤来家里做客。饭后，薛勤提出见见志大才博的陈蕃，陈父便带薛勤来到陈蕃住处。一进门，他们就被陈蕃脏乱差的居住环境惊呆了，再看陈蕃一脸无所谓的态度，薛勤忍不住说道："你怎么不打扫一下房间？就这么迎接客人？"陈蕃大声地说："大丈夫在世，应当扫除天下的垃圾，哪能只顾自己一室呢？"

薛勤欣赏陈蕃小小年纪便有安邦治天下的志气，但他深知天下大事必作于细，于是出言道："若一屋不扫，何以扫天下？"

陈蕃听后无言以对。读了多年的圣贤书，想必陈蕃也知道老子的经典名句："天下难事，必作于易；天下大事，必作于细。"

从此以后，陈蕃读书之余，也会把房间收拾得干干净净。这个注重小节的习惯，一直保持到老。

一个人做大事业，也是由小成功累积而成的。即便是高楼大厦，也是一砖一瓦盖起来的。盖楼的过程中，哪怕缺了一块砖，也会让这栋楼后患无穷。所以，做任何事情，我们都要从小处着手去做，由小至大，一步一个脚印，把基础打牢，才能集腋成裘，成就一番事业。

20多年前，有一个就读于名校的年轻人，因为喜欢电脑编程，他利用业余时间兼职打工赚了不少钱。大学四年级时，他用第一桶金盘下学校附近一家餐厅，还招聘了员工来经营。后来因经营不善，赔光了他的积蓄，还让他借了不少外债。

关闭餐厅后，大学毕业的他在一家日资企业工作了两年，工作职责跟管理相关。这段工作经历，让他开始思考自己创业失败的原因，一是管理上有漏洞，二是创业不能贪快，由小到大地去做，就像滚雪球一样。想明白后，他再次冒着风险创业，这次他先是摆地摊卖光盘，等赚到1万多元后，他花钱租了一个柜台，一个人负责全部工作。随着业务的增多，他开始招人。一年后，他店里有了7个人，第一个月营业额只有几万块钱。

半年后，每个月营业额达到100万元。这样的业绩在同行里面实属不错。随着规模的增大，他的店也变成了公司。两年后，他的公司已成为当时中国最大的光磁产品代理商，并在全国各地开设了10多家分公司。他的个人财富首次突破了1000万元。

他就是京东商城的创始人刘强东。

孔子说，欲速则不达。伟大事业乃是由一件件小事情累积而成。唯有先将一件件小事情切实做好，方可积累成就大事业的经验，这是一个循序渐进的过程。一个人的成功，皆始于所获的小成就，每取得一次小成就，都会使一个人的能力与能量持续堆叠……

一个人日复一日地进行重复劳作，此乃一种现实主义精神。但如果要把小事情做大，则务必拥有一种理想主义气质。成功来自一个人的好习惯，或是取得的一小成功开始的。先建立起一个好习惯，为自己赢得一个个小成功，小成功增多了，就积累了经验，有了信心，会让自己的能力与实力得以强化，最终积累至一定程度，收获大成功。

同理，当我们去做大事情、达成大目标时，可以先将其分解为诸多小事情、小目标，把长期目标拆分为多个短期目标，如此一来，能让自身的可控感更强一些。这些小事情、小目标就像我们上楼梯的台阶一样，一步一个台阶地向上走，最终能登上楼顶。我们借着把小事情做成功的经验，便能去挑战更大的事情。而且降低短期目标，自己也会轻松很多。欲望超出能力便会力不从心，唯有能力超过欲望方可充满动力。

人的成长轨迹如同事物的螺旋式发展规律一般：浮浮沉沉，起起落落……我们既需要体验成长的快乐，也需要把失败的教训转化为成长的契机。当一个人拥有直面挫折的勇气和敢于担当的精神时，便会迎来成功的时刻。

在日常生活中，我们做事情要从以下几点做起，如图 5-2 所示。

图中金字塔从顶到底依次为：
- 从小事做起
- 选择适合自己的路去走
- 养成"今日事今日毕"的习惯
- 在工作中积累实力

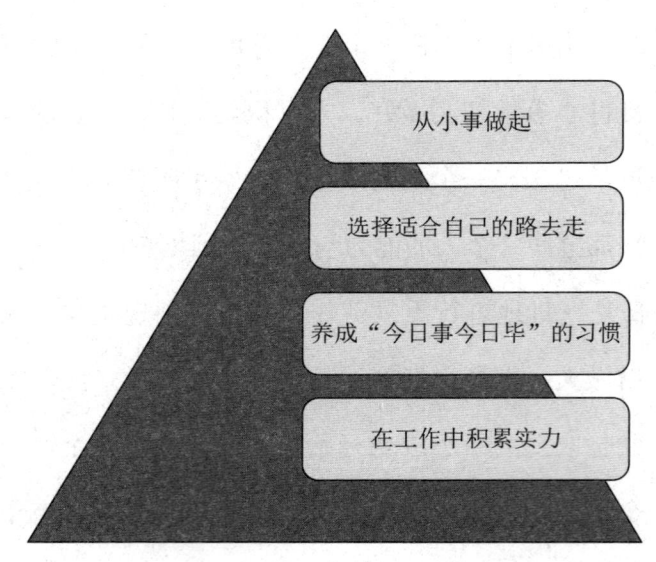

图 5-2　平时做事情要注意的问题

1. 从小事做起

俗话说，积沙成塔，集腋成裘。我们想做成一件事，就必须从小事情开始做。因为做小事是成大事的必经之路。在做小事情时，心中也要有一个小目标。日复一日地坚持，会促使你成长。等你做的小事情多了，你的能力就开始从量变向质变发展。所以，只要你每一步都在前进，最后你也会成功。砥砺前行，慢慢坚持，慢慢努力，慢慢累积，就能推动你的人生稳步前行。

2. 选择适合自己的路去走

荀子说："积土成山，风雨兴焉；积水成渊，蛟龙生焉；积善成德，而神明自得，圣心备焉。故不积跬步，无以至千里；不积小流，无以成江海。"条条大路通罗马，但你只能选择一条路去走。人生亦如此，成功的路有很多条，但你需要做的是选择最适合自己的那一条路，然后坚定不移地走下去。

3. 养成"今日事今日毕"的习惯

每天都安排好明天要做的事情，尽可能地按部就班去执行，不要偷懒、也不要找任何借口。没有特殊情况，就要按照安排去执行、去操作。

4. 在工作中积累实力

在工作中无论做什么事情，不管结果如何，都要记得有复盘、有分析、有反思、有总结，从中找出自己在做这件事情时的优点和擅长、缺点和短板，在以后做事情时谨记扬长避短，有助于你把事情做到最好。随着你做的事情越来越多，你的经验会像滚雪球一样，越滚越大，而且还会有复利效果，时间越长，复利效果会明显见长。等你的实力积累到一定程度，就会来一次大爆发，让你的事业达到一个顶峰，或者有一次大飞跃。

03　调整目标，发现强大的自己

法国作家哈伯特说过，对没有目标的帆船来说，所有的风都是逆风。在生活中，无论我们做什么，都需要有一个目标。

我刚参加工作时，被分配到了一家大型医院的基层岗位。我像大多数新人一样，每天按部就班地完成手头的任务，工作忙碌却缺乏方向。

一次偶然的机会，我参加了医院内部的一场职业分享会。会上，那些成功的前辈们都强调了目标对于职业发展的重要性。我深受触动，开始思考自己的职业目标。

经过一番深思熟虑，我确定了自己要在三年内完成事业梦想的目标。为了实现这个目标，我不再满足于完成日常工作，而是主动寻找更多的项目机会，锻炼自己的综合能力。

每当遇到复杂的任务，我都把它视为提升自己的契机。下班后，还会花时间学习相关的专业知识，提升自己的业务水平。

同事们在休闲娱乐时，我在默默努力；别人抱怨工作辛苦时，我专注于目标的实现。

正是凭借着坚定的目标和持续的努力，我在两年多的时间里就展现出了卓越的工作能力，在事业上取得了成功。

工作也好，生活也好，只有明确目标，才有前进的动力和方向，才能在激烈的竞争中脱颖而出，实现自己的人生价值。

对于每个人来说，最煎熬的日子是没有目标的生活。没有目标，就是在虚度时光，像那个"做一天和尚撞一天钟"的和尚，每天无精打采，连敲出的钟声都毫无生机。

康德说："没有目标而生活，恰如没有罗盘而航行。"没有目标的路程，是最远的路程，也让我们花时间最多、走得最累。既看不到沿途的风景，也无所收获。

古人说："苟日新，日日新，又日新。"时代的巨轮滚滚向前，我们必须成长才能跟上时代的脚步。为生活制定目标，能让我们看到自己的成长，感觉到成长的快乐。

苏格兰哲学家托马斯卡莱尔说："最弱的人集中精力于单一目标，也能有所成就，反之，最强的人分心于太多事物，可能一事无成。"

我们制订目标的目的，既是为了约束自己的一些陋习，又能让我们发挥自己的潜力。当你为自己制定目标时，你满怀着对未来美好的期待，你在实现目标的过程中解决问题、克服困难，会加速你的成长。等你达到所制定的目标时，那种成就和快乐，若非亲身体会，是无法感受到的。

美国有一个喜欢看书的小布匹商。当年选择这个行当，是因为他在书中看到的一句话："做事情成功的捷径，要为自己定一个目标。"

他虽然性格内向，但是擅长与人打交道。他很想在30岁之前，实现财务自由。而经商，是他唯一的出路。

他经营的布匹生意兴隆，几年后，他就成为非常富有的布匹商。如果此时他继续朝着目标奋斗，扩大自己的业务，那么，要不了多久，他就能成为一个大布匹商人了。

有一天，他在看书时，无意中从一本书中看到了这样一句话："假如拥有一种大家需要的才能或特长，无论这个人处在什么环境或什么角落，终有一天他会被人发现。"这句在一般人看似很平常的话，却让他感慨不已。

他觉得这句话就是在写他，他很清楚自己的交际才能，自己能在布匹商中这么快就能赚钱，就是因为他喜欢与人打交道。在跟客户和周围的人交流时，他能感觉到大家会被他说的话所感染。面对同样的合作条件，大家都会主动选择与他合作。

"既然我有大家需要的才能，为什么要等到别人来发掘，而不是自己走出去站在大家前面呢？"想到这里，他大胆地调整了自己的事业目标：放弃如日中天的布匹生意，涉足金融业。

之所以选择金融业，是因为他在经营布匹生意时，他的合作伙伴、同行、朋友、客户等，为了企业的发展，都选择在银行贷款。他擅长和各种人沟通，一直以来深得他们的信任。如果自己从事金融业，那么一定会有很多商人与企业找他贷款。

他是一个果断的人，有了目标就去实现。在他看来，机会稍纵即逝，既然有了目标，就要尽快去实现。

果如他所料，他从事金融业后，利用他擅长交际的优势，很快就吸引来一大批客户，并且在很短时间内就因业绩突出升为银行家，他就成了美国金融业的巨头之一。

在金融界的如鱼得水，让他对自己独特的才华更为自信，加上在金融业的地位，他对政治产生了浓厚的兴趣，于是，他又调高了人生目标：竞选副总统。

就这样，他凭着一流的口才和多年来在金融业积累的人气，他的竞选居然获得了很高的支持率，在一次次激情满满的演讲过后，成功地当选为美国副总统。他就是美国的副总统莫尔。

目标的作用就在于，能让我们有一个奋斗的方向。适时调整目标，则是为了让自己更快地走向目的地。米兰·昆德拉曾说："大多时候我们要学会调整，适应生活，因为我们所作的每一次调整，都将改变自己的方向。"莫尔从布匹商到副总统的跨越，除了有才华外，也跟他在做事情时确定目标有很大的关系。每一次调整目标，都让他朝着适合他的人生之路前进。调整目标也是改变他职业生涯的最佳契机。

莫尔的几次成功转型，关键在于他不会被自己设定的目标所左右。而是通过目标发现更好的自己。成长是痛苦的，就像蘑菇定律中的蘑菇一样，在经历黑暗的煎熬后靠着自我成长脱颖而出，以往受过的所有的苦都是值得的。

每个人的内在潜力是无穷的，有时候连我们自己也无法预估。激发自我潜力，需要在全面了解自己的基础上，为自己制订合适的目标。如果你在完成目标的过程中，发现自己具备其他的优势，就要进行调整。

在人生的道路上，及时改变目标，调整自己的计划，会有意想不到的收获。有目标就有方向，在追赶目标时，如果屡战屡败，就要在失败中寻找原因，积累经验，在这个基础上，改变方向，改变目标，才是明智的选择，如图5-3所示。

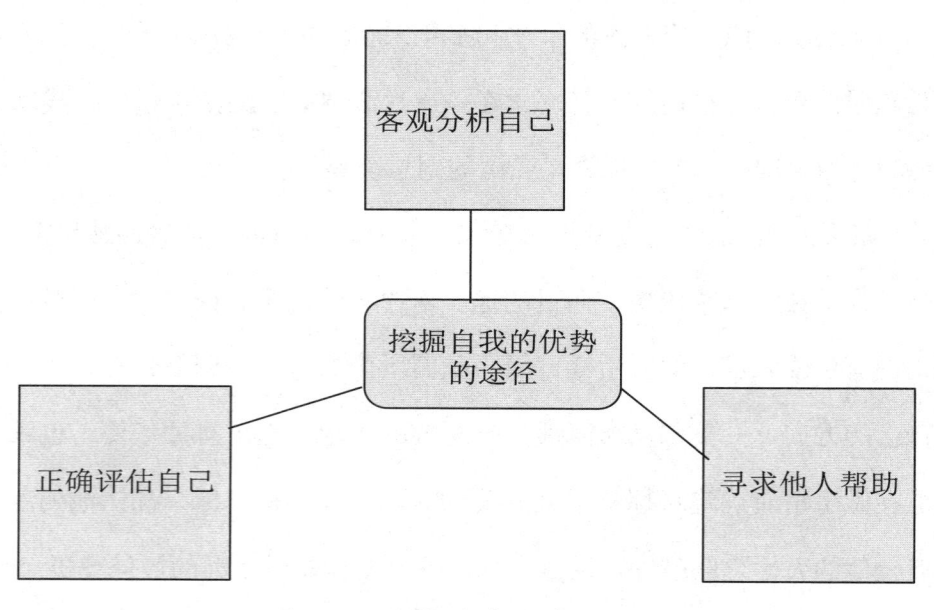

图5-3 挖掘自我优势的途径

1. 客观分析自己

制定目标后，我们不能只顾埋头走路，还要时不时地进行复盘，回顾这段时期所做的成就：自己是在进步还是在退步，如果发现已经尽全力，却仍然离目标很远。那么就要思考目标是否需要调整，是否符合自己的兴趣，是否匹配自己的能力，等重新考虑后，再设定新的目标。

2. 正确评估自己

对自己进行自我评估时，可以从最近一段时间来分析，既要总结成功的经验，也要吸取失败的教训，如果原来的职业目标不再适合自己，就要考虑探索其他职业领域，可以通过网络搜索、参加职业会议、实习等方式来了解其他职业领域的情况，真正认识到自己的能力后再制定新的奋斗目标。

3. 寻求他人帮助

"不识庐山真面目，只缘身在此山中。"有时候我们难以认清自己，是因为"当局者迷"，可以寻求他人的帮助。比如，跟亲朋好友、业内的前辈和专业人士进行交流，能帮助我们更好地了解自己的实际情况，可以听到一些实用性的建议和指导，让自己获得有价值的信息和更多的机会。

04　循序渐进，阶段性目标激发斗志

不管是成功，还是成长，都是一个循序渐进的过程，每天进步一点点，日积月累，我们就会进一大步。为自己制订阶段性目标，能激发自己的斗志，最终实现自己的大目标。

列夫·托尔斯泰说：要有生活目标，一辈子的目标，一段时期的目标，一个阶段的目标，一年的目标，一个月的目标，一个星期的目标，一天的目标，一个小时的目标，一分钟的目标。

在生活当中，我们必须学会在杂乱中建立起秩序来。不同时期的目标，是我们前行的方向。就像肯·莱文为阿古特尔寻找"北斗星"一样，他在茫茫的沙漠上，当北斗星成为肯·莱文前行的方向时，他辛苦的跋涉才不会徒劳无功。

我有个同学从小喜欢画画，因为没有受过专业训练，他的画自成一体。他擅长画山水鸟兽，画得栩栩如生、十分逼真，深受大家的喜爱。

有次在美术课上，老师说："今年 10 月份市里举办绘画比赛，班里有想参加比赛的同学可以来我这里报名。"

这个同学也想参加，但是他想到自己从来没有上过专业的培训班，

师出无名，全靠自己摸索，有些气馁。老师鼓励他："你基础好，可以试试。现在距离比赛还有7个月的时间，你有大把的时间练习。"

"我听说这次参加比赛的同学当中，有很多参加过专业培训班的学习，有的还在国内获过奖，我担心连初赛都进不了。"他不无担忧地说。

"参加比赛是为了锻炼自己，看看自己跟其他人的差距，别给自己太多压力。"老师鼓励他，"你怀着平常心参加就可以。"

他就按照老师说的那样去做，几个月后，他的绘画水平提高了不少。比赛时，他顺利地进入初赛，在复赛时也取得了不错的成绩。

一个人在制定目标的时候，可以对目标进行分解。把目标定得越具体，其方向越明确。目标被清晰地分解后，目标的激励作用就显现了，在实现第一个目标的时候，就及时地得到了一个正面激励，对于培养我们挑战目标的信心的作用是巨大的。

大的成功是由小的目标铺垫而成的。一个人的潜力大到自己都无法预测，在漫长的人生之路上，要想有所成就，为人生的每个阶段设定目标必不可少。这样才能在人生之路上建立秩序，找出一个正常的步调，确定一个一个的目标。等这个目标实现了，就继续下一个目标。

日本的马拉松运动员山田本一在3年内两次夺得世界冠军，记者问他成功的秘诀时，他说，就是"智慧"两个字。但人们都不认可他的回答，认为马拉松比赛是对运动员体力和耐力的较量，爆发力、速度和技巧都还在其次，岂是"智慧"能解决的？

直到多年后，人们才从山田本一的自传中找到他夺冠的秘诀，的确是他的智慧。

山田本一是这么写的：

每次比赛之前，我都要乘车把比赛的路线仔细地看一遍，并把沿途比较醒目的标志画下来，比如第一个标志是银行；第二个标志是一棵古怪的大树；第三个标志是一座高楼……这样一直画到赛程结束。比赛开始后，我就以百米的速度奋力地向第一个目标冲去，到达第一个目标后，我又以同样的速度向第二个目标冲去。40多公里的赛程，被我分解成几个小目标，跑起来就轻松多了。

一个人在制定目标的时候，既要有大目标，就是自己所要达到的目的，又要有阶段性目标，因为是这些小目标成就了后来的大目标。

目标清晰地分解后，目标的激励就发挥作用了。当我们实现了一个目标的时候，就及时地得到了一个正面激励，这对于培养我们挑战下一个目标的信心是非常巨大的。

人生只有一次，不但要选对方向，还要尽早设定目标。只有确立自己的目标才能成就最好的自己。列夫·托尔斯泰说过：目标是指路明灯。没有目标，就没有坚定的方向；没有方向，就失去前进的力量。

一个人要想成功，必须真正深入地分析自己的优势，了解自己的喜好。一旦有了明确的人生目标，你再朝着一个方向持久地努力奋斗，一定能够取得成功。

歌德说:"目标越接近,困难越增加。"目标不是孤立存在的,目标与计划相辅相成,目标指导计划,计划的有效性影响着目标的达成。所以在执行目标的时候,要考虑清楚自己的行动计划,怎么做才能更有效地完成目标,是每个人都要想清楚的问题,否则,目标定得越高,达成的效果越差,如图5-4所示。

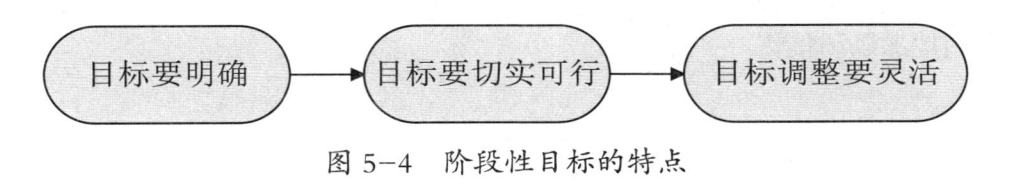

目标要明确 → 目标要切实可行 → 目标调整要灵活

图 5-4 阶段性目标的特点

1. 目标要明确

在制定阶段性目标时要明确,首先要想清楚自己要做什么事情,把要做的事情做到什么程度,定阶段性目标是为了凝聚自己的专注力,或者是把困难和阻力进行分解,达到一个小目标,就消灭了成功路上的一个小阻力,同时带给自己继续前行的信心。

2. 目标要切实可行

制定目标和计划一定要切实可行,不能好高骛远,比如,学会放弃,抑制贪婪欲望。在制定阶段性目标时,要先从容易执行的小目标开始,由小到大地定目标。完成第一个阶段目标后,要给予自己奖励来激发信心和斗志,这样才能在前进的道路上走得更稳更有信心。

3. 目标调整要灵活

制定阶段性目标时，要在认清现实的基础上，把自己的目标和实际能力加以结合，这样行动起来才有动力。所定的目标可以根据自己的能力灵活地改变，比如，你计划在一周内登门拜访 10 个优质客户，由于客户或是自己工作临时有调整未能完成，可以和对方另约时间，同时，再另外找其他客户拜访。如果在不到一周的时间顺利拜访完了 10 个客户，剩下的时间再用来联系拜访其他客户等，依据实际情况适当地加以调整。

05 敢于打破常规，突破自我极限

成功不是谁的专利，它属于勇于尝试的人。因为每个人就像还未被开垦的良田，只有大胆开发，用心耕耘，方能有所收成。所以，要开发自我潜能，必须敢于打破常规，发现自己在其他方面的才华。

古人所说的"君子不器"，是用"器"来比喻一个人做事的能力。作为一个君子，不能只具备某一个专长、技能、只做某一件事，而是要做通才、全才。

圣人孔子的3000多名学生中，虽然是各有专长，但是，每个学生并不局限于所从事的行业，除了谋生的职业外，还擅长各种才艺。

子贡是孔门十哲之一，孔子称他是"瑚琏之器"。瑚琏，是古人宗庙祭祀时用的器皿，可以用来盛放各种粮食的供品。说明子贡很有才能，是可以重用的全能型的人才。

事实证明，子贡确实是不可多得的全才，他办事通达，有政治才干；他机智善辩，有外交官的口才；他头脑睿智，有经商的天分；他博闻强记，有教学的才能，繁忙工作之余还兼游学、讲课等。可以说，子贡是能够把所学的知识都发挥得淋漓尽致的人才。

在重仕途轻商的年代，子贡不拘泥于世俗的束缚，他投身商海，大展身手,成为著名的富可敌国的"商贾",是孔子弟子中最有钱的人。他在经商之余,不忘自己为学初心,通过做官辅助君主实现仁政,让百姓受益、让国家强大;到了晚年,他又肩负起培养新人的职责,像他所尊敬的恩师那样悉心教导学生。

子贡从富家公子到全能型的国之栋梁,与他的恩师孔子对他的谆谆教导密不可分。在老师的指引下,他通过种种努力突破了自我极限,如图5-5所示。

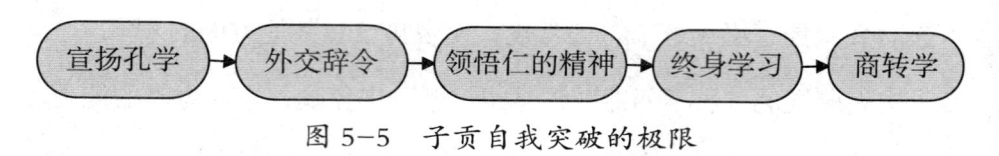

宣扬孔学 → 外交辞令 → 领悟仁的精神 → 终身学习 → 商转学

图5-5 子贡自我突破的极限

子贡由经商转而求学,不仅获取了知识,还领悟到学习的真谛在于终身学习,这一理念始终伴随其一生。在学习过程中,子贡认真领会老师倡导的"仁",并致力于成为老师推崇的"仁者"。子贡将在孔子处所学知识运用到外交辞令中,其贡献堪称传奇。而且,由于子贡始终坚持推崇孔子的学说,亲自整理了儒家经典著作《论语》,对后世产生了极为深远的影响。

在当下竞争激烈的商业世界,董明珠恰似一颗耀眼的明星,凭借敢于打破常规、突破自我极限的勇气与决心,谱写了一段令人瞩目的成功篇章。

董明珠初入格力时,只是一名普通的基层销售人员。当时的市场环境复杂多变,竞争异常激烈,但她并没有被困难吓倒。而是在格力面临众多竞争对手的巨大压力时，在行业内普遍采用一些较为保守的销售策略时，董明珠却敢于打破这种常规，突破行业限制，迎来了事业巅峰。

她不满足于传统的销售模式，主动只身深入市场，了解客户需求。她不辞辛劳地奔波于各地，与客户建立起直接而紧密的联系。别人只是坐在办公室里等待订单，她却亲自走访一家又一家经销商，凭借着自己的真诚和专业，说服他们选择格力的产品。

在销售过程中，董明珠遇到了各种难题。有客户对格力产品的质量提出质疑，有经销商拖欠货款，种种困境摆在眼前。但她毫不退缩，坚信自己能够突破这些障碍。

对于那些拖欠货款的经销商，董明珠坚决采取强硬措施，不惜与他们断绝合作关系。这种打破行业潜规则的举动，在当时引起了很大的轰动，但也为格力树立了诚信经营的良好形象。

正是因为董明珠并不满足于仅仅在销售领域取得成绩。随着经验的积累和对行业的深入了解，她开始着眼于格力的产品研发和品牌建设。在技术创新方面，她大力地推动格力投入更多资源进行自主研发，突破国外技术的垄断。

当其他人认为格力应该满足于现有的市场份额和产品类型时，董明珠却带领团队不断挑战自我，开发出一系列具有创新性和竞争力的新产品。她坚信只有不断突破技术极限，格力才能在市场中保持领先地位。

在管理方面，董明珠同样敢于突破常规。她建立了一套严格而高效的管理制度，对员工要求极高。有人认为她过于苛刻，但正是这种严格的管理，塑造了格力员工严谨、负责的工作态度，提升了企业的整体效率和竞争力。

经过多年的不懈努力，董明珠带领格力从一个名不见经传的小企业，发展成为全球知名的家电巨头。她的成功并非偶然，而是源于她敢于打破常规的思维方式和不断突破自我极限的坚定信念。

董明珠的故事激励着无数人，让我们明白，只有勇于挑战传统，超越自我，才能在充满挑战的商业世界中开辟出属于自己的辉煌道路。

生命只有一次，每个人的潜能就像一座未被开发的矿山，其价值连自己都难以估算，在绝境之时不要怕，试着逼自己一次，就有可能在经历一次绝地反击后得到重生。所以，要敢于打破常规，使自己的潜力得到充分的发挥。

Chapter6

成功管理：深谙"财散人聚"的道理

01　合伙创业，有舍才有得

曾仕强教授说过，世界上根本没有成功这回事。

古人讲的"物极必反"的道理告诉我们，成功是失败的开始，繁华是衰退的开始，相聚就意味着分别。就像"水满则溢""月满则亏"一样，是事物发展的必然规律。所以，孔子教导我们要恪守"中庸之道"，即为人处世既不能太"左"，也不能太"右"，恰到好处，方能善始善终。

创业也是同样的道理，最难的不是开头，而是如何把合伙创业收获的"果子"遵循着"中庸之道"分给大家。

李书福创业初期，众多合作伙伴因看好汽车行业的前景和他聚集在一起。随着吉利的逐步发展壮大，取得了显著的成绩和丰厚的利润。

在利益分配的关键节点，李书福深知"中庸之道"的重要性。他没有凭借个人权威独断专行，也没有让某一方占据过多的利益。而是充分考虑每个合作伙伴的贡献、风险承担以及未来发展的需求。

对于那些在技术研发方面做出突出贡献的，给予相应的技术成果奖励和股份激励；对于在市场拓展中表现出色的，按照市场业绩给予合理的回报。同时，他也预留了一部分资金用于企业的再发展和创新投入，以保证吉利的持续竞争力。

2022年，吉利准备用一部分股权设立奋斗基金，可以让吉利全体员工共享企业发展成果，实现全员持股，让每一个员工成为企业的股东和主人。

通过这种遵循"中庸之道"的分配方式，李书福既维护了团队的和谐稳定，又激发了每个合作伙伴的积极性和创造力，使得吉利能够不断发展壮大，成为中国汽车行业的重要力量。

创业公司最难做的是成果管理。既要看到成果背后隐藏的一系列的"失去"，又要想办法杜绝这类事情发生，才能像最初那样一心一意地做事业。

我们无法预料未来，更无法猜测人心。在这种情况下，把钱分好才是明智之举。

华为创始人任正非是最深谙"分钱"艺术的企业家，对于华为目前的成就，任正非多次公开表示，说华为的今天是华为全体员工共同奋斗得来的。

那么，任正非是如何让几十万华为员工有凝聚力的呢？

"志量恢弘纳百川，遨游四海结英贤。"他靠的是容纳百川的博大胸怀和"大舍大得"的"分钱"之道，把行业精英人才汇聚一起共谋发展。

面对倾尽半生心血培育的胜利果子，任正非却只持有1.01%的股权，作为代表华为员工的华为工会持有98.99%，大部分员工持有的是干股，也就是说，员工只分红，不参与董事会的决策。如此一来，别看任正非仅有 1.01% 的股权，但他却有法律层面的决策权。

这就是任正非高明的分钱艺术，既能让员工人尽其才，又让大家多劳多得。

从任正非持有的股份可以看出，他深谙舍得的艺术，知晓人性。他提倡华为属于华为全体"奋斗"的员工，体现在行动上也是把大家的钱分给大家。并非像有些老板只是"画大饼"，承诺给员工的提成、奖金只是口号。由此可见，任何一个公司的发展，其创始人首先要有舍得给员工"分钱"的格局，这样才能激励员工为公司创造更大的价值。

工作也好，创业也好，绝大多数的人是迫于生计。愿意一直追随你的人，是因为他们相信你赚钱后，他们也能从中分得一杯羹。物质的奖励，对员工来说，更多的是让他们有一种被认可的成就感。

当下，有很多创业公司，绞尽脑汁地制订各种协议约束合伙人，企图让自己成为受益最大的一方。实际上，当你有这种念头时，就是在为未来的散伙做铺垫。

合伙创业，合的是"大家的智"，伙的是"大家的财"，如何让大家一起创造的钱财公平分配，是决定公司是否能长久发展的关键。让每个人拿到属于自己的钱，取决于创始人的做人境界。

人性有趣的一面是，不管什么形式的合作，大家聚在一起共事时，在吃苦受累阶段都能扛下来，有时候越是艰难，大家越是齐心协力地去做事。可是，等到真的赚钱了，好日子来了，大家的心却散了。究其原因，还是没有学会如何给大家"分钱"。

那么，如何才能找到合适的合伙人谋事呢？一般来说，要做到以下几点，如图6-1所示。

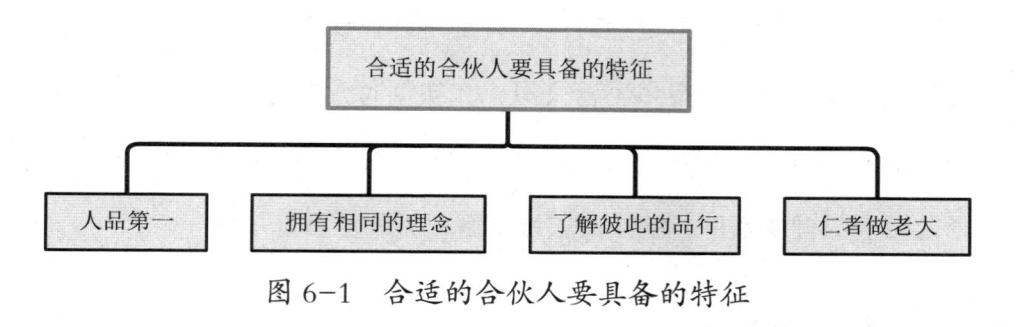

```
        合适的合伙人要具备的特征
    ┌──────┬──────┬──────┬──────┐
  人品第一  拥有相同的理念  了解彼此的品行  仁者做老大
```

图6-1 合适的合伙人要具备的特征

1. 人品第一

这里说的人品好，是要具有长远眼光、有大格局、有着强烈的做事业的意愿，这样的人善于谋大事，把过程看得高于成果。唯有达到这种境界的人，才不会被眼前的利益所迷惑。

2. 拥有相同的理念

有的人人品很好，但是跟你看待事情的角度不一样，比如，面对一个风险高、收益高的投资项目，如果对方想要稳步发展，不想冒险。不管项目的前景多么好，对方也听不进去。在这种情况下，容易引发争执。一旦你让步，今后所有类似的项目都无缘实施。如果你不让步，这样的矛盾会一直存在，非常不利于后面的合作。所以，拥有相同的

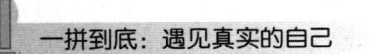

理念，对合伙做事的双方至关重要，也是双方成功合作的重要基础。

3. 了解彼此的品行

很多人认为不能和亲朋好友合伙创业，一旦失败，有可能连朋友也不能做了。但万事不是绝对的，特别是创业谋划阶段，需要志同道合的人一起共事。有很多民营公司，在初创时大多选择亲戚或朋友作为合伙人。至于后来的散伙，还是因为利益分配不均导致的分歧。所以，合伙做事的首要条件，就是真实地了解对方的品行。

4. 仁者做老大

创业合伙，不管是几个人，一定要有一个一票否决权的人。否则，众口难调，十八口子乱当家时，非常不利于公司的发展。

古人说过，仁者以财发身。一个有仁德的人，是用财富来帮大家做事情的。他拥有的钱越多，受益的人也越多，做出的成就越大。一个有德的企业创始人，能带领大家走得更远。有德做后盾，公司的股权结构、管理制度等才能实现其价值。

纵观中外优秀的公司，无论是创始人或者是企业的核心领导者，其管理的精髓就是留住人才，在制度上设置各种奖励制度给员工信心，这样，才有更多的人愿意留在公司。

02 行走职场，把"利益"分享出去

正当的财富是人们通过勤劳和智慧创造出来的，所谓集腋成裘、积土成丘，就是在告诉我们，财富是一点一滴地积累起来的。等有了第一桶金，要用这一桶金做一些有利于社会的事业，服务的人越多，创造的社会价值越大，你得到的利益也会越多，这时你就步入了财"道"。

在职场上是同样的道理，俗话说，独木不成林，一个好汉三个帮。你在工作中受他人帮助成长后，再回馈他人，共事的人一起成长时，才能在工作中创造奇迹，从而让自己进入成长的快车道。

工作作为谋生的重要手段，占据了我们人生中三分之二的时间。只有让工作变得富有意义，才能既让我们快乐赚钱，又为生活增添乐趣，可谓是两全其美。

在工作中，跟我们相处最多的就是一起共事的同事，而任何形式的工作，都离不开团队成员的齐心协作，离不开同事的配合和支持。所以，当我们在工作中获得成就时，要懂得把利益分享出去。

我们在工作中的每一次成长，所取得的业绩，跟周围的环境、所共事的人密切相关。一个人的精力是有限的，即使再努力，若无人合

作，将很难获得大成就；即使偶尔凭"运气"赢一次，如果不懂得分享，你就很难再有创造奇迹的时候。

"独乐乐不如众乐乐"，把快乐分享出去的最好方式，就是让大家的努力都得到相应的回报，这时大家会真心为你的分享而感到快乐。这种快乐的背后，是大家因为参与了你的成功而受到公平的对待。

牛根生是蒙牛乳业集团创始人，他就是一个懂得分享"利益"的人。

牛根生的第一份工作是在牛奶厂洗奶瓶。他的工作不起眼，收入也低，但他依然全身心地投入到工作中去。每天第一个到工厂干活的人是他，下班后，同事都回家了，他仍在帮着大家做收尾的工作。

工作就是这样，主动干的活儿多了，能力、经验就会得到提升。很快，牛根生因出色的工作能力升职组长，他几乎把全部精力都用在工作上。

不久，厂里实行承包制，他承包了一个加工车间，跟大家一起在基层苦干，因为屡次创造销售业绩，他被提升为销售部经理。

随着能力和职位的提升，他的收入也高了。他认为自己做出的成就，是集体的功劳，所以，他经常用自己的工资帮助家庭经济困难的同事。平时在工作中，有同事因重病住院，他第一个带头捐款，捐得也是最多的；因为业绩好，公司奖励他一大笔钱让他买豪华轿车，他却用这钱买了4辆面包车奖励下属；平时哪个同事家里有急需要用钱的，他知道后第一时间送钱过去……有他在，同事就没有解决不了的困难。

在同事眼里，他是能解燃眉之急的"及时雨"，是雪中送炭的贵人……他用自己的分享习惯，为大家建立了坚固的信任感。

正是这种深度的信任感，让他和同事建立了牢固的关系。当他离职创业时，很多同事辞职陪他白手起家创业，哪怕贴钱不拿工资也要跟着他干。这也是"蒙牛"能够迅速成为国内品牌企业的原因，可以说，蒙牛的强势成长，是一群人的信念造就的成功。这种信念，是因为一个人日久积蓄的人格魅力的爆发。

世界的生存规则就是：你用什么方式帮助过他人，有朝一日，他人也会用同样的方式回报给你。

相信牛根生创业时，每一个受过牛根生恩惠的人，都愿意真心实意地祝福他，并且会尽全力帮助他。因为牛根生的"独乐乐不如众乐乐"，是他与众不同的"独乐乐"，他的"独乐乐"是建立在帮助他人的快乐之上的，他把这种快乐分享给很多人，变成"众乐乐"。谁不盼望这样的"众乐乐"，这是一种带有美好寓意和祝福的利益分享：一人得利，万人受益。所以，大家愿意追随他，哪怕他一无所有，大家也会团结在一起帮助他变得"富有"。

钱财买不到人心，但是当你付出真心，持续地把赚来的钱不计回报地帮助他人时，你收获的将是至高无上的大爱和真挚的信任。这种信任是无价的，会汇聚成一种能量，帮助你成就你想要做的事情。

我们一生会遇到形形色色的人，人性的复杂和难以捉摸，构成了复杂的人际关系。要改善人际关系，其实非常简单，就是懂得把"利益"

分享。这里提到的"利益"包括以下几种，如图6-2所示。

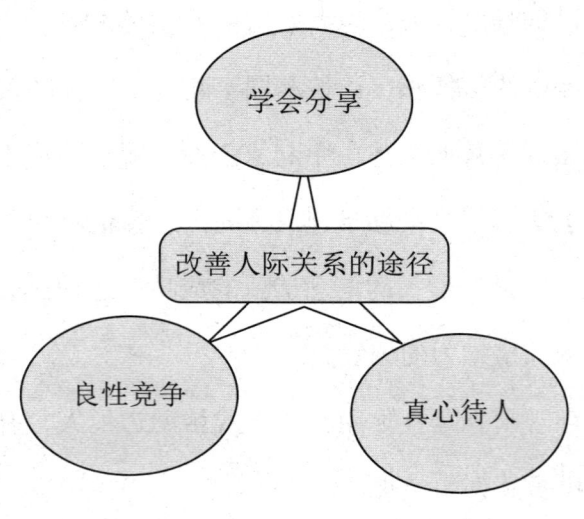

图6-2 改善人际关系的途径

1. 学会分享

这里的分享，包括物质和精神。俗话说，人为财死，鸟为食亡。世人忙忙碌碌一生，无非名利二字，通过扬名和得利，换来生存的碎银。当你把所得的利益分享出去时，这些利益对于不同的人会有不同的用处：有人正处于经济拮据，急需用钱看病；有人家里突遭意外，正为孩子的学费发愁……你的及时分享，等于是帮助大家解决了棘手的困难。

除此之外，在平时工作中，有哪个同事工作中遇到困难，我们知道后要第一个站出来尽全力帮助；对于自己擅长的事情，要干在同事前头而不去自我标榜。在工作中多承担一些责任，也有助于提升自己的能力。

2. 良性竞争

同事之间有合作也有竞争，要学会平衡这两者的关系，谨记对事不对人。工作中的竞争是实力上的比拼，把重心放在过程上，做事时倾尽全力克服困难。无论是赢还是输，你都会有所收获。不能为了所谓的"赢"不择手段，这样的"赢"，只会让你输掉人品，以后再也没有人愿意和你合作共事。虽然赢得了一时，却输掉了一世。

3. 真心待人

世间所有的关系，最怕付出"真心"。这里的"真心"，不是没有原则地对他人好，而是一种处世的技巧，比如，工作中的合作，要给予真诚的配合；有同事有求于你，要真心帮助对方解决；同事犯错误，你要善意地指出来；同事跟你有分歧，你要真心地讲出你反对的理由……日久见人心，怀着一颗真诚的心善待周围的人，既不负别人，也不负自己。

03　与客户合作，彼此之间的相互成就

在社会关系中，我们每个人的角色是服务和被服务的身份互换。比如，在生活中，我们需要买东西时，就是他人的客户，享受着对方的服务；在工作中，对于客户，我们化身为销售员，要为对方提供优质的服务。

不同的是，有的销售是冲在拓展市场的一线，有的则是站在销售背后提供服务的，甚至于在车间劳作的工人，也是隐蔽的销售员——我们生产的商品真正帮助到客户、被客户广泛接受时，工人的劳动成果就有了价值，商品有了价值就会有市场，公司和工人才能得到收益，从这一点来看，我们跟客户的关系是互惠互利、相互成全。所以，销售把客户看作是利益共享的伙伴更有利于双方的合作。

古人说，欲速则不达。跟客户合作也是如此，需要建立长久合作的关系。这里所说的"长久"，是指成交之前的相互磨合。

有位朋友要装修新买的四室两厅的房子，要买五台空调。为了买到性价比高的空调，他事先在网上看了国内三个品牌的空调，又联系了三个品牌空调的业务员进行详细咨询。

起初，他的想法是，两个大点的卧室安装大一点的空调，书房安

装小一点的空调，客厅的空调最大。经过反复对比，他发现有三个品牌的空调都能满足他的要求。也就是说，五台空调要在三个经销商那里购买。

然而，不到一个月，他就改变了主意，哪怕多花一点钱，他也要在一家买齐这五台空调。

原来，他在咨询过程中，有两家品牌商业务员的态度"刺伤"了他的心。其中有一家公司的业务员居然说："我给你介绍这么长时间，这两台空调你必须在我这里买。"一句话吓他一跳，他立刻打消了购买这个品牌空调的念头。

另一家的业务员态度倒是很好，只是总爱以忙为借口不接他的电话。不排除这些业务员营造出一种"空调畅销"的景象，但是"演"得太过了，客户就会因为不耐烦而放弃。

只有第三家公司的业务员，对他关于空调的各种问题不厌其烦地回答，态度始终如一地热情，而且对于空调性能的业务知识也了如指掌，还为他提供了几种优惠方案，虽然他之前觉得这家的空调价格偏高一些，但他最终还是选择了这个牌子。

事后，他在向我们讲起这件事时，感慨道："做业务并不难，只要多些耐心，把客户的疑难问题解决了，成交还是很容易的。因为大家都很忙，没有人会浪费时间和精力跟一个陌生人闲聊。"说完又向我们大力推荐这款空调，并讲了空调省电、制冷效果等优点，确实是物有所值。

正是他的大力推荐，有几个朋友也买了这个品牌的空调。

美国作家马克·吐温说："如果一个人影响到你的情绪，你的焦点应该放到控制自己的情绪上，而不是影响你的那个人上。"跟客户沟通，业务员自己要摆正位置，端正态度，稳住情绪，不能总想着快速签单成交。

客户问得越多，说明他越有购买欲望；客户犹豫不决，是因为他在考虑产品的性能是否符合自己的要求。所以，耐心地和客户交流，是业务员的基本素质，不能嫌麻烦，更不能表现出急躁情绪。没有客户的麻烦，你的工作也无法开展下去。即使此次没有成交，你态度好，给客户留下了好印象，等他有一天真有这方面的需求时，自然会先找你进行了解。

有个朋友刚参加工作时，是做销售的。因为他对做销售员有成见，心里总认为客户都是高高在上的"上帝"，所以，他跟客户沟通时经常被客户的情绪所左右。

遇到态度好的客户，他态度就表现得积极热情；遇到态度冷漠的客户，他也会心灰意冷，就不敢聊下去了。他当时的想法就是，自己公司的产品这么好，客户不买是客户自己的损失。结果，连着两个月，他的业绩为零，成单率自然是倒数第一。

后来，公司让一个老员工带他，老员工对他说，在工作中不能和客户较劲。现在市场竞争激烈，自家的产品再好，自己不对客户宣传，客户也不会买单。要充满热情地和客户沟通，用自己的积极情绪影响和感染客户，就是不能成交，也能让自己有一个好心情，这样才不会影响自己的工作。总之，在和客户沟通时，自己要占主动，首先就要保持积极的情绪。

"客户是否愿意和我们成交，都不影响客户的生活。但我们却损失了一位潜在的客户，往大的方面说，会让公司失去客户带来的利润；从小的方面说，会让自己的收入减少。"老员工告诉他，"我们要耐心地回答客户的问题，并不是热脸贴客户的冷屁股，而是做人的一种基本礼仪。就好比我们在外跟陌生人说话那样，要保持基本的礼貌。面对客户，我们是一个主动帮他们解惑答疑的身份，我们主动联系人家，自然要礼貌待人，以真诚的态度和他们沟通。至于他们的反应如何，取决于我们的说话水平。"

老员工的话让他感触颇深。他尝试着用为客户"解惑答疑"的身份和客户沟通时，虽然仍然不乏有态度恶劣的人故意发难，但是也有很多耐心的客户留下了他的联系方式。平时公司有什么新产品上市，他会发给他们。对他们发的朋友圈的消息，他也会在认真看过后点赞，或是写评论加以互动。

渐渐地，开始有客户主动向他咨询产品，他就详细地给他们介绍产品的性能，并不急着劝他们买。他心里明白，客户可能又在其他同行那里进行货比三家，过了好久，还是在他这里成交了。

做销售也好，开拓业务也好，和客户沟通也好，必须要端正自己的心态。一旦心里有强烈的成交愿望，会让你不由自主地表现在不耐烦的语言方面，对客户说的每句话产生敏感，影响后续的沟通气氛。

这时候，最好多站在客户角度和立场去想。想想如果自己是客户，要和对方合作，会考虑哪些问题，把这些问题列个表写出来。然后讲给客户听，不管客户的回答是否是自己想要的结果，都要保持足够的耐心帮助客户答疑解虑。

带着和客户长期合作的心态去沟通，你就不会给客户造成"强卖"的心理压力；带着为客户着想的心态和客户交流，你的声音、语调就会具有感染力；带着真心为客户服务的心和客户相处，就会让客户对你有信任感。

在和客户沟通时，尽力做到以下几点，如图6-3所示。

```
┌─────────────────┐
│ 了解客户的真实需求 │
└────────┬────────┘
         ↓
┌─────────────────┐
│ 耐心回答客户的问题 │
└────────┬────────┘
         ↓
┌─────────────────┐
│ 提供雪中送炭的服务 │
└────────┬────────┘
         ↓
┌─────────────────┐
│ 在等待中增进感情  │
└─────────────────┘
```

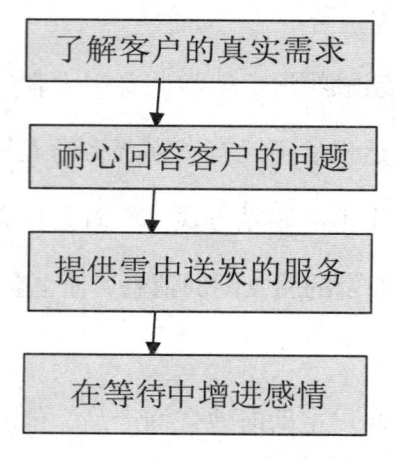

图6-3　与客户沟通的技巧

1. 了解客户的真实需求

天底下最难的事情，就是从对方口袋里掏钱。在向客户介绍产品前，要先了解客户的真实需求、对产品的期望值。了解途径有两种：一是通过定期回访客户，询问他们对产品的要求；二是通过定期查看客户的购买历史、投诉记录和用过产品后的反馈信息，来分析客户对产品的不满之处。根据这些信息制定有针对性的解决方案，以满足客户的需求和期望。这些解决方案可以是产品改进、服务提升、个性化的市场营销策略等。

2. 耐心回答客户的问题

客户频繁提问题，大多发生在成交前，或是初次合作时，对于所购买的产品，客户都会货比三家，通过对产品质量、价格等方面的比较，他会选择自己认为最合适的产品。但更多的时候，促使客户买单的因素通常和产品的质量关系不大，而是与为他提供服务的销售员有关系。所以，面对客户提出的各种问题，包括在你看来小题大做的问题，你都要认真地回答，通过谨慎的分析，让客户先对你产生信任。有了信任基础，客户才会痛快地买单。

3. 提供雪中送炭的服务

在和客户沟通时，如果客户执著于某个条件与你僵持不下，你可以适当地让步。每个人都有不愿意向外人说的困难，但又不得不解决。所以，就会显得非常执着。别看你让的这一小步，对于客户来说，很有可能解了他的燃眉之急，让他从内心感激你。非常有助于再次合作。除此以外，还可以针对每个客户的实际情况，给予不同形式的让步，

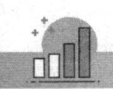

比如，在价格上让步，在折扣上让步，或者做一些适当的优惠，都能带给客户不一样的感动。

4. 在"等待"中增进感情

很多销售员因为急于成交的迫切心理，会让本来想合作的客户有所顾虑。特别是面对初次合作的客户，销售员要学会"等待"。在"等待"的过程中，销售员要在不打扰客户工作的情况下，通过聊一些与工作无关的事情来增进感情。也可以向客户分享一些你工作之外的生活中的趣事，或是了解客户的工作情况等轻松的话题，用善解人意的交流方式来加深对彼此的了解。当客户感觉到了你的诚意，就有可能答应你的合作要求。

04　对待下属，要了解他们的真实需求

日本经营之神松下幸之助说过，"企业管理过去是沟通，现在是沟通，未来还是沟通"。企业领导者要想了解员工的真实需求，就得多沟通。只有满足他们的需求，才能够留住他们。

每个下属都是独立的个体，每个人对工作有着不同的期望和追求。有人渴望在工作中不断获得新知识和技能，提升自我价值；有人更注重工作与生活的平衡，期望有更多时间陪伴家人；也有人把良好的团队氛围和和谐的人际关系视为工作的重要部分……

身为领导者，如果不能敏锐地洞察到这些真实需求，只是一味地从自身角度出发进行管理，那么即便提供再高的薪酬，也难以真正留住员工。所以，只有通过真诚的沟通、细致的观察，才能真正走进下属的内心世界，理解他们的渴望和困扰，然后针对性地提供支持、创造条件，满足他们合理的需求，让下属感受到被尊重和重视时，他们才愿意与团队同舟共济，为共同的目标努力奋斗，为企业创造更大的价值。

在竞争激烈的科技行业，字节跳动的创始人张一鸣以其独特的领导风格和管理智慧备受瞩目。

在创业初期，字节跳动旗下的一个重要团队面临着人才流失的危机。一些核心员工陆续提出离职，这让团队的发展陷入了困境。张一鸣得知这一情况后，没有急于责备或采取强硬的挽留措施，而是决定深入了解下属们真实的需求。

他首先与准备离职的员工进行了一对一的坦诚交流。在交流中，他没有强调公司的发展前景和个人的职业机会，而是专注地倾听员工的心声。一位员工提到，长期高强度的工作让他感到身心俱疲，失去了生活的平衡。张一鸣立刻调整了工作安排，实行了更灵活的工作制度，允许员工在一定程度上自主安排工作时间，还增加了团队成员之间的任务协作，避免让个别员工过度承受压力。

另一位员工则表示，虽然薪资待遇不错，但在职业发展上感到迷茫，看不到明确的晋升路径。张一鸣随即组织了人力资源部门，重新梳理并完善了公司的晋升机制，明确了各个岗位的晋升标准和条件，为员工提供了清晰的职业发展蓝图。

还有员工提出希望能有更多学习和提升的机会，张一鸣便积极推动内部培训和分享活动的开展，邀请行业内的专家和优秀员工进行经验传授和知识分享。与此同时，他还为有需要的员工提供外部培训的经费支持。

此外，他注重营造良好的团队氛围，鼓励员工之间的合作和交流，组织各种丰富多彩的团队活动，增强员工的归属感和凝聚力。

在张一鸣的努力下，团队的氛围得到了极大的改善，那些原本打算离职的员工也都留了下来，并且以更高的热情投入到工作中。而这个团队也在之后取得了一系列令人瞩目的成绩。

由此可见，作为企业领导，只有真正了解下属的真实需求，并采取切实有效的措施满足这些合理需求，才能有效地留住人才，打造出一支富有战斗力和创造力的团队。

所以，对于企业来说，领导必须会用人，会用人的前提包括识别人才和留住人才。如图6-4所示。

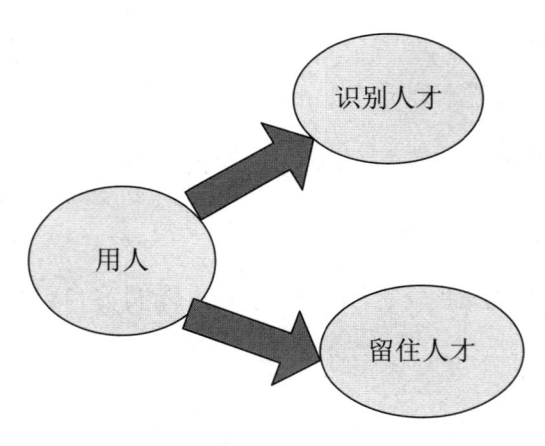

图 6-4 用人就是识别人才和留住人才

1. 识别人才

所谓人才，就是根据企业设置的岗位和职责的需要来定位。岗位和职责是固定的，但是人才是不同的，特别是对于下属的特长，需要智慧的领导者加以激发。

有一家濒临破产的公司费尽周折"挖"来三位行业精英，可是不到两个月，三位精英相继离职。原来，老板对精英的期望过高，想让公司在三个月内发展起来。俗话说，心急吃不了热豆腐。在竞争激烈的职场中，这一道理更是体现得淋漓尽致。看着几位精英的表现，老板满心期待却最终化为深深的失望。他开始怀疑他们的实际工作能力，于是便不由分说地对他们施加了各种压力。老板不断地催促工作进度，提出过高的业绩指标，甚至在一些细节上吹毛求疵，丝毫不给他们喘息的机会。这种过度的压力就如同沉重的枷锁，让原本满怀激情和创造力的精英们逐渐感到窒息和无力。

最终，三位精英不堪重负，选择了离开。他们带着满心的疲惫和无奈，告别了曾经寄予厚望的岗位，而公司也因此失去了宝贵的人才资源，这无疑是一个双输的结局。

三位精英随后去了三家同行业公司，他们在自己的岗位上表现得都十分出色。

虽然说"金子到哪里都能发光"，但是如果领导没有一双识人才的慧眼，人才就是在你眼前，也会与你擦肩而过。

2. 留住人才

能否留住人才，是企业长久发展的关键。否则，你就是在给自己培养竞争对手，或是给竞争对手培养人才。

小强就职于一家只有五六个人的私企，公司处于亏损状态，老板赏识他的才华，许以重金激励他，还提拔他做销售部门的经理，全力支持他的工作。一年后，他就带领新招聘的团队做出了丰厚的业绩，还为公司开拓了新的业务。

看着他不断创造销售纪录，老板发现，他手里掌握着公司一半以上的优质客户，公司每年百分之八十的效益是他的团队创造的。与此同时，老板觉得他每年从公司拿走的销售提成太高，开始为自己最初给他重金的承诺后悔，就以公司效益不好为由，单独为他设置了减少他奖金的一些制度。同时，还削弱他作为部门经理的权力。

小强在无奈中离职，后进入一家规模很大的同行公司就职，不久，因为能力出众担任中层主管，而他离职的私企公司，一年后因经营不善，公司只剩下三四个员工。

他在提到之前离职的原因时，说原公司克扣他的提成不是主要原因，而是让他觉得职业生涯到了瓶颈期，哪怕他再努力，也没有上升的空间，薪水、职位固定不变，让他有能力无法发挥。这就意味着，他能力再强，公司都不能再提供平台了。

韩非子说："下君尽己之能，中君尽人之力，上君尽人之智。"作为上级领导，在让下属人尽其才的同时，还要满足其对职业规划的要求。世界上没有相同的两个人，每个人生而不同，不只是因为外表不同、特长不同，还有他们的期望值。所以，上级领导要善于识别下属的优势和才华，并为下属提供施展抱负的平台，如图 6-5 所示。

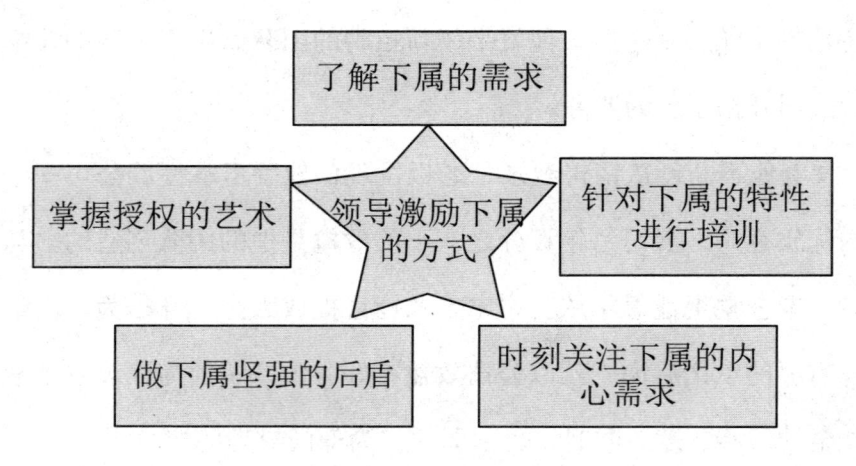

图 6-5 领导激励下属的方式

（1）了解下属的需求

很多企业领导认为，重奖之下必有勇夫。年轻人朝气蓬勃，一进入公司就委以重任，或用丰厚的奖金加以抢人。职位和高薪确实能吸引年轻有为的人才。但这绝对不是最主要的用人原则，对于下属，领导要用长远的眼光看待。平时多和下属交流，从中发现他们对于薪资之外的一些要求。

职场内"卷"的本质原因，很大程度上除了同岗位竞争的白热化外，还有来自年龄的焦虑。每个人为未来担忧，生怕自己年龄大了被辞退。因为有这样的忧虑，才让每个员工没有安全感，就拼命地在薪资上要求，想着趁年轻多挣点钱来应对日后失业的危机。

作为领导，要清楚了解下属这些顾虑，用实际行动给下属做出榜样，充分发挥员工的潜力，让他们在工作中不断提升自我、拓展创新，成为不可替代的人，有了足够的实力，他们才有自信和底气，从而踏踏实实地做好自己的工作。

（2）针对下属的特性进行培训

对于下属来说，公司就像一所社会大学。每个人由于生长环境、生活习惯，以及对事物的领悟程度不同，也会表现得不一样，他们有的比较聪明，一看即会；有的是慢热型，需要慢慢适应；有的则属于大器晚成，等等。

针对下属的不同特性，上级领导要"因材施教"，在工作中给予他们不同的指导和培训，让他们在培训后获得工作上的进步，更有助于提升他们对工作的热情。

（3）时刻关注下属的内心需求

每个人根据自身情况的不同，对工作的需求也是各不相同。下属的内心需求，直接影响着他们对工作的满意度。作为上级领导，要在了解他们需求的基础上满足他们的内心需求。这就要求领导平时多和下属进行沟通，从中知道他们对工作、对公司的真实想法，想办法帮助他们解决。

人心都是肉长的。面对来自领导的关心和实质性的帮助，下属会谨记在心，并用认真工作作为回报。更为重要的是，上下级的这种交流工作的方式，会增加下属对领导、对公司的信任。

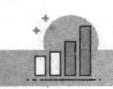

（4）做下属坚强的后盾

每个人的职业生涯在发展到一定阶段时，会遇到难以突破的"瓶颈期"。这时候非常需要旁人对他的指点迷津，特别是来自上级领导的指导。所以，平时要多找下属谈心，和他们一起探讨对未来职业的要求。

通过有目的的交流，让下属把真实想法讲出来，帮他分析、提建议等，让他感受到你是助他事业进步的伯乐，公司是他在工作中尝试挑战的坚强后盾，这样，他才会愿意继续留在公司，和公司一起发展。

（5）掌握授权的艺术

适当地放权给下属，既能减少领导的压力，又能培养下属成长。向下属授权时要循序渐进，不要让权力大于下属的能力，同时，要给予充分的监督。下属只有在能力范围内实行权力，他们才能在工作中做到在其位，行其权，得其利。

05 与上司相处，先了解再磨合

在竞争激烈的职场中，公司员工频繁跳槽已经成为一个普遍的现象。其中很大一部分原因是员工与上级领导无法融洽相处。

有个朋友性格刚强耿直，业务能力很强。他突出的工作业绩和踏实的工作作风深得同事的羡慕，但是他总觉得无法得到领导的赏识，想到自己付出这么多却得不到领导的认可，一气之下就辞职了。

然而，他在新公司工作没多久，他又面临和上一家公司同样的处境，在忍无可忍后又辞职离开。

多年来，他就在辞职→找工作→入职→辞职中蹉跎岁月，很多当年一起工作的同事，都已成长为公司的中层领导了。而他还像刚毕业时那样，隔段时间就四处投递简历找工作。

每次谈到离职的原因，他气就不打一处来："我是真受不了我们领导那急脾气，向他汇报工作不吵架解决不了问题。吵架次数多了伤感情，不离职继续待在公司也没啥劲。"

和领导处不好关系，轻则影响自己的工作积极性，重则自信心受挫，在冲动之下主动离职。对于大多数人来说，与领导相处确实是一件头痛的事情。

在日常工作中，由于我们随时都要与上级领导打交道，如果与上级领导沟通不到位，就会让自己的工作出现很大的难度，严重的会导致工作无法进行下去。所以，与上级领导及时沟通是获得积极配合的关键。

海尔集团的创始人张瑞敏在1984年临危受命，担任青岛电冰箱总厂厂长。当时的工厂管理混乱，人心涣散，张瑞敏深知与上级领导沟通的重要性。他首先向上级领导详细汇报了工厂的现状和问题，以及自己的改革计划和目标。通过与上级领导的沟通，张瑞敏获得了他们的支持和理解，为企业的改革奠定了基础。

在改革过程中，张瑞敏非常注重与上级领导的持续沟通。他定期向上级领导汇报工作进展和成果，及时反馈遇到的问题和困难。与此同时，他还会积极地听取上级领导的意见和建议，不断调整和完善自己的改革方案。

例如，在推行"砸冰箱"事件时，张瑞敏事先与上级领导进行了充分的沟通，解释了这一举措的必要性和重要性。上级领导虽然对这一做法有些疑虑，但最终还是给予了支持。通过这次事件，张瑞敏成功地改变了员工的观念，提高了产品质量。

张瑞敏还特别注重与上级领导建立良好的关系。他尊重上级领导的意见和决策，也敢于表达自己的想法和观点。通过与上级领导的良好沟通和合作，张瑞敏为工厂的发展赢得了更多的资源和支持。

正是基于张瑞敏在担任青岛电冰箱总厂厂长期间，他与上级领导的有效沟通和合作，才让他成功地推动了工厂的改革和发展。由此来看，在职场中，与上级领导保持良好的沟通和合作关系是非常重要的。只有深入了解上级领导的品性，才能更好地开展工作，实现自己的职业目标。

上级领导作为公司的一把手，他做的每个决策代表的都是公司和全体员工的利益，在一定程度上是需要魄力的。跟着有魄力的领导一起共事，会让我们有不同程度的成长。明白了这个道理，我们就要想方设法地和领导建立良好的关系。

俗话说得好，千人千面，百人百性。这句话深刻地揭示了人类的多样性。上级领导自然也有自己的个性、行事作风。在领导手下做事，必须在了解领导的基础上，改变或是调整自己的工作方式来适应领导，配合他们的工作，借助领导的支持，来发挥自己的潜力。

孔子在讲到人际关系时说过一句经典的话："不患人之不己知，患不知人也。"就是告诉我们，不怕别人不了解自己，而是怕自己不了解别人。要想与领导和谐地交流、沟通、共事，就必须先了解上级是一个什么性格的人。

一般来说，了解上司，可以从以下几点去做，如图6-6所示。

```
           看他的言行
              |
        了解上司的途径
         /          \
   看他周围的人      看他的工作习惯
```

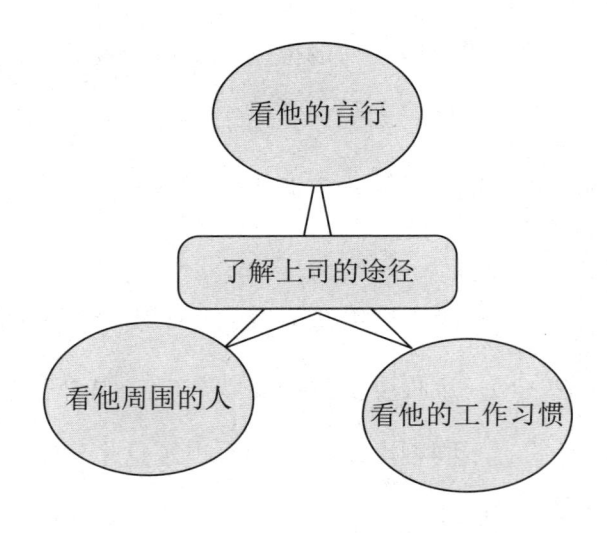

图 6-6　了解上司的途径

1. 看他的言行

了解一个人，主要是了解其人品。古人说：不知言，无以知人也。一个人的品性，藏在他的举止言行中。我们在向上司汇报工作时，要仔细观察他说话的语气、生气时的态度是否失控等方面。

2. 看他周围的人

物以类聚，人以群分。我们可以从上司欣赏的下属，或者他在工作过程中直接或间接接触的人中了解上司的为人。

如果上司欣赏的同事虚伪、爱给别人穿小鞋，那么你在跟上司相处时，要谨小慎微，平时在公司做到少说话；如果上司欣赏的同事忠诚正直，那么你在和上司相处时，可以把自己对工作的好建议直接提出来。

3. 看他的工作习惯

一般来说，上司的工作习惯分为独断专行、亲和民主、自由放松，如图6-7所示。

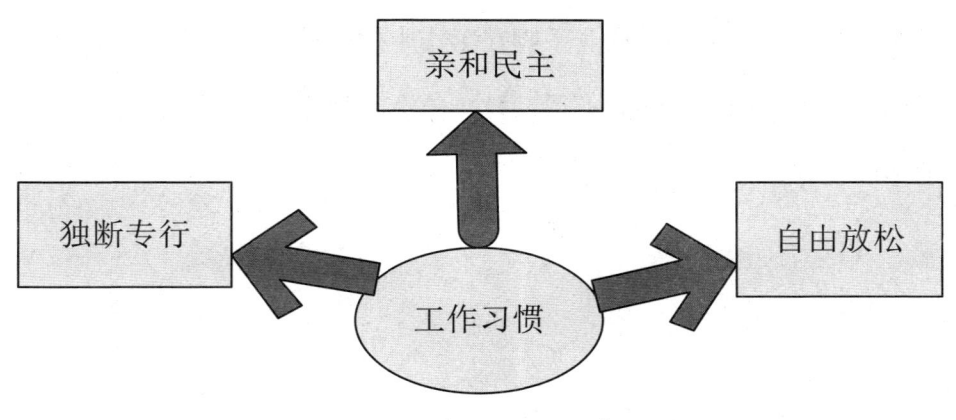

图6-7 观察上司的工作习惯

（1）独断专行

独断专行的上司性格暴躁、喜怒无常，他们的工作习惯是果断干练、雷厉风行。平时无论是开会，还是和下属交流，都是一言堂，容不得其他声音。面对这样的上司，你与他们相处时要保持高度警惕。

（2）亲和民主

亲和民主型的上司胸怀宽阔、有远见，他们在工作中善于听取下属的建议和意见。他们对于工作中的重大决策，会提前和下属开会商量，对下属提出的好建议、建设性的意见，他们都会认真对待。这样的上司亦师亦友，你平时要勤于和上司沟通、交流，在上司的正确引导和帮助下提高自己的工作能力。

（3）自由放松

自由放松型的上司性格豪放热情，对下属没有条条框框的约束。他们在工作中敢于大胆放权，用信任和激励来调动下属的积极性。对于这样的上司，你可以放开手脚在工作中投入精力、开拓创新思路，遇到问题时主动虚心地向上司请教，他会非常高兴，会不厌其烦地帮助你成长，让你受益无穷。